¿CABEZAS DE CHORLITO?

Inteligencia e innovación en las aves

LOUIS LEFEBVRE

¿Cabezas de chorlito? Inteligencia e innovación en las aves
Primera edición: julio 2025
© Lynx Nature Books, 2025
   Lynx Nature Books®: Alada Books, S.L.

Versión original publicada con el título:
Têtes de linotte? Innovation et intelligence chez les oiseaux
© Les Éditions du Boréal, 2023

Texto e imágenes: Louis Lefebvre
Traducción: Marina Huguet Cuevas
Revisión: Albert Martínez-Vilalta y Bernat Espluga
Diseño interior y maquetación: Jara Villanueva
Ilustración y diseño de cubierta: Daniel Roca

La traducción de esta obra ha sido posible gracias al apoyo financiero de la *Société de développement des entreprises culturelles* del Québec (SODEC)

Impreso en: Imprenta Pagès, S.L.
Depósito Legal: B 11100-2025
ISBN: 978-84-16728-76-3

¿CABEZAS DE CHORLITO?

Inteligencia e innovación en las aves

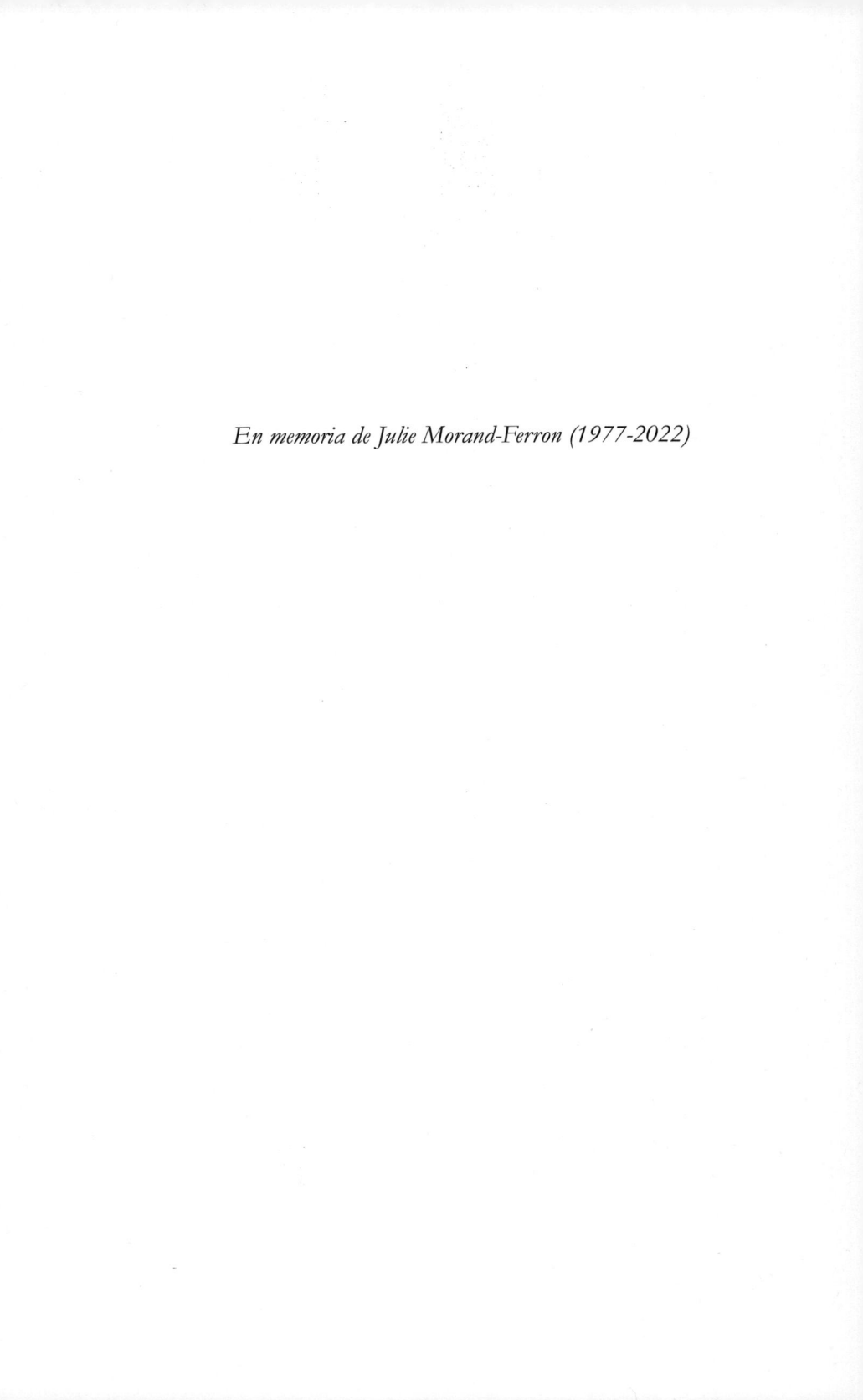

En memoria de Julie Morand-Ferron (1977-2022)

CONTENIDO

Simios sin pelaje y cuervos sin plumaje

Imaginemos la Tierra cinco o seis millones de años atrás: en un rincón de África, quizás Chad, Kenia, Tanzania o Etiopia, nuestros ancestros acababan de separarse de la rama que compartían con el antepasado del chimpancé. El cerebro de esos homínidos poco a poco iba alcanzando el mismo tamaño que el de un chimpancé actual, una cuarta parte del nuestro.

En esa misma época, los cuervos y las cornejas llevaban millones de años colonizando casi todo el planeta, doblando el tamaño de su cerebro y evolucionando hacia formas y especies más de prisa que cualquier otro grupo de aves. Imaginemos que un científico de otro planeta hubiera viajado a esa época para valorar qué ser de la Tierra sería el que evolucionaría más gracias a su inteligencia. Seguramente, hace cinco millones de años, nuestros antepasados no contaban con la inteligencia abstracta ni lingüística que tenemos en la actualidad. Y si el extraterrestre hubiera realizado tests en los cuervos y los simios de la época, sin ningún tipo de duda habría encontrado grandes similitudes entre ellos, como ocurriría con mucha probabilidad si se realizasen ahora.

¿Por cuál de las dos especies habría apostado ese extraterrestre si la inteligencia del planeta dependiera de ello: el cuervo o el simio? ¿Se hubiera imaginado que serían los descendientes del simio, y no los del cuervo, los que escribirían y leerían este libro millones de años más tarde?

En la actualidad solo quedan dos especies de chimpancés, ambas en peligro de extinción y delimitadas en ciertas zonas de África. Sin embargo, existen casi cuatro docenas de especies de cuervos y cornejas, una decena de las cuales sigue invadiendo nuevas regiones, desde Bermudas hasta Nueva Zelanda pasando por África. Igual que los humanos, hay cuervos y cornejas por todas partes, desde los bosques hasta las playas y en los centros urbanos, desde los desiertos hasta los jardines, desde los McDonald's hasta los basureros, desde el Ártico hasta Borneo. Por nuestra ascendencia, somos simios sin pelaje, pero por nuestra resiliencia y nuestro carácter invasor y oportunista, podríamos considerarnos también, e incluso más, cuervos sin plumaje.

¿Por qué son tan importantes los cuervos para entender nuestra inteligencia? Porque la evolución nos ofrece dos tipos de similitudes: la que procede de una descendencia común y la que se obtiene de respuestas independientes a problemas similares. Las alas de aves, peces voladores, insectos y murciélagos son soluciones parecidas al mismo problema (aunque con una evolución independiente): cómo surcar el aire. Lo mismo ocurre con la inteligencia: la nuestra es una elaboración muchísimo más compleja que la que muestran, de un modo más simple, nuestros primos chimpancés y orangutanes. Hasta aquí podemos discernir las características de la ascendencia común. Sin embargo, en cuanto a la evolución independiente, hay que centrarse en cuervos, loros y otros genios con plumas que a menudo han sido tachados de "cabezas de chorlito", que, separados de nosotros y otros mamíferos por trescientos diez millones de años de evolución independiente, desarrollaron formas de inteligencia muy similares a la de los primates.

¿Cómo podemos comparar la inteligencia de animales tan diferentes entre ellos como pueden serlo un cuervo, un chimpancé y un humano? A menudo, las aves son territoriales, sobre todo en primavera, y solo cuentan con un pico para hacer frente a su entorno, mientras que los chimpancés son sociales y tienen unas manos parecidas a las nuestras. Nosotros también contamos con el razonamiento abstracto, la imaginación y el lenguaje, lo que nos ha permitido innovar y desarrollar técnicas que, durante dos millones de años, nos han proporcionado más recursos además de las manos que compartimos con otros simios.

Quizás la respuesta se encuentra en esas dos palabras: innovación y técnicas. Si somos capaces de detectar nuevas técnicas entre aves y primates, discerniríamos un criterio común para comparar lo que de otro modo podríamos ver como manzanas y naranjas. Además, si esos ejemplos son suficientemente abundantes y se repiten en un número elevado de especies, nos podrían facilitar un tipo de CI, una medida que podríamos usar en cualquier análisis. Desde el primer caso observado en aves en 1921 hasta los más de 4.000 recopilados hasta la fecha, las innovaciones nos proporcionan un catálogo de anécdotas fascinantes y a menudo curiosas, así como datos tangibles para comprender mejor las ventajas y desventajas evolutivas y ecológicas de la inteligencia.

¿Por qué debemos interesarnos por la inteligencia? Porque es esta característica precisamente la que nos atribuye nuestro éxito en la Tierra. Si, tal y como creía Darwin, solo hay una diferencia de grado entre la inteligencia humana y la de los demás animales, es crucial entender de dónde viene la nuestra. ¿Se nutre de un único origen o hay diferentes tipos de inteligencia que han evolucionado de modo independiente en las diferentes ramas del árbol de la vida? La evolución de la inteligencia no es buena ni mala y que nos interese no significa que la prioricemos por encima de otros rasgos; sencillamente es algo que ha sucedido, como la evolución de las alas y de las flores. Si la tendencia se mantiene, nuestra inteligencia podría terminar siendo nuestra perdición: forzarnos a innovar sin cesar y desarrollar técnicas que nos faciliten la vida a corto plazo podrían provocar nuestra extinción a más largo plazo. La inteligencia humana, en décadas, siglos o incluso milenios, podría unirse a los demás rasgos que han ido a parar al basurero de la evolución, como el gigantismo del águila de Haast, en Nueva Zelanda, que se alimentaba de moas, aves enormes incapaces de volar y que podían llegar a pesar hasta 230 kg. Cuando los moas desaparecieron a mitad del siglo XV porque eran fundamentales para la alimentación de los maoríes, el águila de Haast también se extinguió por falta de presas.

La inteligencia es un continuum que nos permite clasificar las especies de manera objetiva en función de unos criterios que explicaremos en este libro. Como ocurre con las alas y las flores, algunos ejemplos son más fascinantes que otros. Está claro que es más atractivo ver un baile de bandadas de estorninos al atardecer y una floración masiva de cerezos en primavera que excrementos de paloma en el balcón o polen de ambrosía en un descampado. Sin embargo, la paloma y la ambrosía son especies con muchos éxitos evolutivos, ya que han colonizado todas las zonas donde fueron introducidas. En un extremo del continuum, las proezas cognitivas de los cuervos pueden ser impresionantes, pero no olvidemos que dos de las especies de aves más abundantes del planeta se encuentran en el otro extremo: el quelea común (1.500 millones de ejemplares en África) y la zenaida huilota (algo menos de 500 millones en América) no deben su éxito a su inteligencia, sino a su rápida reproducción y a su dieta de abundantes semillas. Sin duda, estas cualidades son muy útiles para la supervivencia y la proliferación, pero dan lugar a historias menos fascinantes que las que veremos aquí: trucos, inventos y sorprendentes hazañas de cientos de especies apodadas "cabezas de chorlito".

El origen de las innovaciones

El estudio científico de las innovaciones vio la luz en la pequeña localidad de Swaythling, en la actualidad un suburbio de la ciudad portuaria de Southampton, en el sur de Inglaterra. En 1921 los vecinos observaron por primera vez que los páridos picoteaban y arrancaban los tapones de las botellas de leche que dejaban los lecheros en la puerta de las casas todas las mañanas para beber la nata que flotaba en la leche, que entonces quedaba separada del líquido. Tanto si los tapones eran de cartón como si eran de aluminio, y tanto si los lecheros colocaban guijarros, trozos de tela o tapas sobre las botellas, los pájaros se las ingeniaban para resolver el problema y robar la nata.

Esos sucesos no solo tuvieron lugar en Swaythling. Desde 1930 se documentó el robo de nata en más de dos docenas de lugares en

Inglaterra y en 1947, en varios centenares. En 1949, la prestigiosa revista *British Birds* publicó un estudio del fenómeno, acompañado de mapas en los que se mostraba su proliferación geográfica año tras año. Esa proliferación podía parecer lo que hoy en día calificaríamos de "transmisión viral", en la que individuos que desconocen determinadas innovaciones observan e imitan a individuos que sí las conocen. Los mapas mostraban constelaciones de lugares en zonas adyacentes, lo cual sugería un contagio local, pero también lugares separados por cientos de kilómetros, donde resultaba difícil imaginar que la imitación fuese posible debido al carácter sedentario de los páridos.

Entonces ¿se trataba de transmisión por imitación o de innovaciones individuales e independientes? Esta pregunta fascinó rápidamente tanto a etólogos como a psicólogos. ¿Un cerebro de pájaro tan pequeño como el de un párido era capaz de aprender y crear una tradición a través de la innovación y la transmisión social?

Cinco años tras la publicación del primer artículo sobre los páridos, otro espectacular caso reforzó la posibilidad de la transmisión cultural entre animales no humanos: en 1954, investigadores japoneses observaron cómo una joven hembra de macaco lavaba patatas en agua de mar para quitarle la arena que tenía adherida. Con los años, varias de sus congéneres adoptaron la misma técnica de limpieza. Volvemos a hacernos la misma pregunta: ¿se trataba de transmisión cultural por imitación o innovación independiente entre individuos diferentes?

Los psicólogos tienen su propia versión de la navaja de Ockham llamado el "canon de Morgan", que sostiene que la explicación más sencilla debe prevalecer siempre hasta que haya pruebas sólidas de una explicación más complicada. Por eso se elaboraron diversos artículos teóricos y experimentos en varios laboratorios para averiguar si las aves y los simios eran capaces de imitar y, si no lo eran, determinar el proceso más simple que explicara la proliferación de las innovaciones observadas entre páridos y macacos.

En la década de 1980, centré mis investigaciones en este preciso tema. A medio camino entre la psicología (tema de mi doctorado en la Universidad de Montreal) y la biología (el de mi posdoctorado en

Oxford con Richard Dawkins, y más tarde de mi cátedra en la Universidad McGill), combiné observaciones de campo y experimentos en aviarios para comprender la transmisión social del comportamiento. Para un biólogo, mi "campo de estudio" resultaba bastante inverosímil: calles y descampados de la zona de Milton Park, cerca del campus de la Universidad McGill, donde me dedicaba a perseguir a las palomas. Durante décadas, los psicólogos estudiaban a las palomas dentro del laboratorio en "cajas de Skinner", cajas automatizadas en las que el ave debía aprender a picotear un disco luminoso para obtener comida como recompensa. Como psicobiólogo, creí que debía estudiar ese aprendizaje en el entorno natural de la paloma: la ciudad. La diferencia más evidente entre la paloma de ciudad y la paloma de las cajas de Skinner es que esta última está sola en su caja mientras que la paloma urbana casi nunca lo está. Si la paloma aprende algo en la vida real, lo hace en grupo, y pensé que esto sin duda debía marcar la diferencia en su aprendizaje.

Los primeros experimentos sobre innovación y transmisión social estuvieron inspirados en el caso de los páridos y las botellas de leche. Existen dos variantes de este tipo de prueba: social y no social. En la variante social, se coloca delante de un animal no entrenado un recipiente con comida oculta en su interior; del mismo modo que las botellas con tapón escondían la nata, se espera que el animal resuelva el problema eliminando el obstáculo que conduce a la comida. Si no lo consigue por sí mismo, se coloca al animal delante de un congénere que ha sido entrenado para abrir el recipiente mediante una técnica llamada *façonnage*, en la que primero se presenta la variante sencilla de la tarea (recipiente abierto sin obstáculo) antes de ir complicando la tarea cada vez más cerrando progresivamente el recipiente. A continuación, se permite al observador, que no tiene acceso al recipiente durante esa fase, que observe qué técnica utiliza el demostrador y se comprueba si, tras volver a darle el recipiente al observador, éste es capaz de eliminar el obstáculo con la misma técnica que ha utilizado el demostrador.

En la variante no social, no hay demostrador; el animal se encuentra solo delante del recipiente y se le motiva para que intente resolver la tarea asegurándonos de que la comida está visible detrás del obstáculo a eliminar. En la fotografía se observa un ejemplo de este tipo de problema: un ave (un semillero de Barbados, del que hablaremos a continuación) levanta la tapa de una caja de plástico translúcido para acceder a las semillas que hay dentro.

Decenas de experimentos y centenas de sujetos más tarde, resultaba obvio que el gregarismo desempeña un papel fundamental en lo que aprende un animal como la paloma: la vida social a veces estimula el aprendizaje y otras veces lo bloquea. ¿Es el gregarismo entonces fundamental para la transmisión social? ¿Es necesario vivir en grupo para comprender que los demás son una fuente de información o esta capacidad está también presente en los animales territoriales que cazan a otros animales en lugar de convivir junto a ellos?

La respuesta a esta pregunta se encontraba en Barbados, o al menos eso creía en esa época. Puesto que las palomas son colúmbidas urbanizadas gregarias, bastaba con compararlas con colúmbidas urbanizadas territoriales para ver qué papel desempeñaba la vida social en el aprendizaje. Y justamente, la zenaida caribeña *Zenaida aurita*, colúmbida territorial, se hallaba en Barbados, donde la Universidad McGill cuenta desde 1954 con una estación de investigación. En la baja estacionalidad de los trópicos barbadenses, esta zenaida, que

se parece mucho a la zenaida huilota de Norteamérica, defiende su territorio de un modo muy agresivo durante todo el año. Las batallas son espectaculares: aleteos como peleas de toallas mojadas, agresivos barridos del suelo y amenazas con las alas levantadas entre rivales que patrullan como soldados la frontera que separa sus territorios.

En Barbados, esta "paloma" no tiende una rama de olivo por la paz, sino que mantiene las alas levantadas para pegar a sus vecinos. Una vez vi a dos pájaros pegarse todos los días para ganar solo quince centímetros de territorio.

Durante meses, incluso años, intenté que esas zenaidas de Barbados aprendieran a eliminar obstáculos con un congénere previamente adiestrado, pero no aprendieron nada. ¿Demostraba eso que la territorialidad bloquea el aprendizaje y que hay que ser un ser social para copiar a los demás? ¿Acaso este fracaso reflejaba mi incapacidad de encontrar la prueba adecuada? ¿O quizás reflejaba la

incapacidad de las zenaidas de superar cualquier prueba que se les presentase, social o no? Es cierto que a las zenaidas les cuesta más aprender a vivir en cautividad en comparación con las palomas: se pasan el rato caminando arriba y abajo, lo que podría evitar que se fijasen en las soluciones que otros congéneres encuentran para obtener comida. Sin embargo, la paloma, sobre todo en América, donde se importó de Europa en 1610, ha vuelto al estado salvaje tras ser domesticada durante siglos por los humanos.

En el palomar de un noble europeo, una pareja de palomas tenía que salir al campo todos los días en busca de comida, pero al mismo tiempo aceptaban que de vez en cuando una mano humana les cogiera un pichón de su nido para la cena del marqués. Otra pareja de palomas, aterrorizada hasta el punto de quedar infértiles, fue expulsada del palomar. Así pues, para estas aves existían dos tipos de selección: una artificial basada en su tolerancia a la proximidad humana y otra, natural, basada en su capacidad de alimentarse por sí mismas, a diferencia de otros animales domésticos que viven en jaulas y son alimentados por sus propietarios. La paloma es un animal semisalvaje que no teme a los humanos.

En cambio, el caso de las tórtolas es diferente: si un investigador de aves realiza cualquier prueba con una tórtola del género *Zenaida*, obtendrá peores resultados que con una paloma. La diferencia es global y no solo evidente tras una prueba de imitación en la que observaríamos que una paloma gregaria muestra una mejor adaptación que una tórtola territorial. Por tanto, mi estudio resultó un gran fracaso, lo que me llevó a perder la esperanza en los experimentos comparativos, que pueden verse afectadas por multitud de factores, por no hablar de lo lentos que son: pasan años antes de obtener un resultado concluyente tras capturar centenares de individuos, habituarlos lentamente a la vida en una pajarera, hacerles pruebas con toda la paciencia del mundo y devolverlos al medio de donde habían sido sustraídos. Dicho sea de paso, las aves reanudan sus vidas y vuelven a sus territorios a una velocidad sorprendente.

La estación de investigación de la Universidad McGill en Barbados es indudablemente un lugar extraordinario para trabajar, incluyendo las experiencias frustrantes. Situada en la costa occidental de la isla, entre un parque público y hoteles de lujo, está ubicada directamente sobre el mar Caribe, ya que se utiliza básicamente para la investigación marina. El viejo edificio donde se encuentra es una gran villa al borde de la playa cuya inmensa terraza es un laboratorio abierto ideal para experimentar con aves. Los demás edificios albergan pajareras, que protegen a las aves de ratas, gatos y mangostas deseosos de comérselas. La estación fue un regalo del comandante Carlyon Wilfroy Bellairs, oficial de la marina real inglesa y miembro del parlamento británico entre 1906 y 1931. La historia cuenta que el comandante, abatido porque Winston Churchill, líder de su partido y héroe de la Segunda Guerra Mundial, fue derrotado por los laboristas en las elecciones de 1945, buscó una universidad canadiense en lugar de una inglesa para legar su propiedad y convertirla en centro de investigación.

Barbados no es solamente tierra de zenaidas territoriales, sino también una isla muy desarrollada, hecha casi por completo de coral y situada a contracorriente de las aguas y los vientos, al este de las islas volcánicas de las Antillas Menores. No cuenta con selva tropical alrededor de un pico volcánico ni pantanos inaccesibles y peligrosos para la salud, no les falta agua gracias a las reservas de agua pluvial filtrada por el coral y no tienen especies traídas por mar o aire del continente sudamericano o las islas situadas al oeste. La isla ha estado habitada por el hombre desde casi siempre y desde el siglo XVII se ha transformado en una inmensa plantación de caña de azúcar. Solo residen en la isla una veintena de especies del total de 700 presentes en el conjunto de las Antillas. Barbados no sería el destino elegido para ir con los prismáticos al cuello para engrosar la lista de aves avistadas, como podría ser el caso de Costa Rica o Belice.

Sin embargo, las pocas aves que se ven no se esconden en las profundidades de una selva tropical, sino que están muy cerca. Y si aun así no las viésemos, muy pronto los semilleros, zanates, plataneros y las zenaidas nos harían notar su presencia y nos darían a entender que lo que quieren es comida. Las aves de Barbados no temen pedir un trocito de pan o un poquito de azúcar en los balcones de las casas, las terrazas de los bares, la mesa de un restaurante, el comedor del hotel o incluso la mismísima cocina. De hecho, muchos semilleros antillanos son oportunistas y poco tímidos. "Entran fácilmente en las casas a recoger migas, aunque haya gente dentro", observó el ornitólogo James Bond en 1928. Sí, Bond, James Bond, como el espía británico. Cuando el novelista Ian Fleming estaba buscando un nombre para su agente 007, pensó en el libro sobre aves antillanas que tenía en su biblioteca, *Birds of the West Indies*, y en el nombre sencillo y con gancho del escritor. A cambio, Fleming escribió a la esposa de Bond y le dijo que le permitiría dar el nombre de *flemingus* a cualquier ave que descubriera su marido, por horrible que fuera.

Es precisamente esta audacia y este oportunismo de las aves lo que me iba a proporcionar la solución a las largas y frustrantes tardes con mis zenaidas enjauladas. Si los páridos de Swaythling proporcionaron a los ornitólogos ingleses un clásico caso de innovación y de posible transmisión cultural en la naturaleza, ¿sería yo capaz de encontrar casos similares y poder comparar especies fuera del laboratorio y hacerlo donde realmente importaba para su supervivencia, es decir, en su entorno cotidiano? También me pregunté si podría obtener buenos ejemplos estudiando a esas aves de Barbados, de contacto fácil y obligadas por la transformación milenaria de su isla a encontrar nuevas formas de alimentarse cerca de los humanos, siempre presentes.

Descubrí mi primer caso por casualidad, cuando una mañana iba andando por la playa desde la estación de investigación hacia el supermercado de Holetown, la pequeña ciudad local. Había llovido mucho los últimos días y el Hole ("el agujero"), el arroyo que da nombre a la ciudad se había desbordado. Esa mañana, lo que quedaba de la crecida eran unos cuantos charcos que todavía no habían sido absorbidos por la arena y algunos pececillos saltaban de charco en charco intentando volver al agua de donde habían salido. Sus esfuerzos eran en vano, ya que cuando se hallaban entre dos charcos, dos tiranos dominicanos, primos antillanos de los mosqueros fibí, se abalanzaban sobre ellos, se los llevaban a una rama y allí los golpeaban hasta matarlos antes de comérselos.

El espectáculo me pareció dantesco, aunque también me intrigó esa conducta. Los tiranos habitualmente comen insectos que cazan al vuelo, y a veces también pequeños frutos o lagartijas, pero tras consultar artículos y libros sobre aves antillanas, vi que nunca se había observado a esa especie pescando, sobre todo sin ni siquiera mojarse. Igual que pasó con los páridos, merecía la pena informar de esa inusual conducta a una revista científica, así que envié la observación al *Wilson Journal of Ornithology*.

Este evento ocurrió en 1986, al principio de mis años de frustración con las zenaidas enjauladas. Desde entonces, las aves de Barbados nos han proporcionado otros casos fascinantes: semilleros que roban sobrecitos de azúcar de las mesas de los restaurantes y se los llevan a su territorio, donde los perforan tranquilamente, zanates que se alimentan de las raspas desechadas de una pescadería o tiranos que nunca caen en las trampas para zanates, semilleros y zenaidas, sino que esperan a que las otras aves cojan los trozos de comida que sirven de cebo y, al vuelo, se los roban del pico.

Además de Barbados, en las cerca de 200 revistas ornitológicas que consultamos mis alumnos y yo, había material suficiente para elaborar un catálogo exhaustivo de innovaciones alimentarias. Nuestro primer estudio, en la década de 1990, solo abarcaba las islas británicas y solo incluía 126 innovaciones. Con el tiempo, mi equipo y yo fuimos ampliando la cobertura hasta incluir la mayoría de las zonas del mundo: la versión más reciente del catálogo, publicado en 2020 en el *Wilson Journal of Ornithology*, suma 4.455 innovaciones de 1.689 especies. Este estudio cubre desde 51 casos de gorrión común hasta 39 de corneja negra euroasiática, pasando por 35 de cuervo

grande, sin olvidar los cientos de especies que cuentan con un solo caso cada una. Estos 4.455 casos constituyen la base de datos que trataremos en este libro.

Desde el inicio, nos limitamos a los casos de alimentación porque todas las aves deben alimentarse y porque casi todos los ensayos en cautividad están motivados por la comida. En cambio, la migración, la construcción de nidos, las relaciones de pareja y la vida en grupo no son universales entre las aves; incluso algo tan fundamental como el cuidado de las crías difiere en cucos y tordos, que parasitan nidos de otras especies. Gracias a nuestra base de datos, mis estudiantes, mis colaboradores y yo hemos podido poner a prueba todo tipo de teorías en estudios estadísticos, como, por ejemplo: ¿ser innovador protege a un ave del peligro de extinción? ¿Cuál es la diferencia entre el cerebro de un ave innovadora y el de una no innovadora? ¿Se expone un innovador a enfermedades y parásitos al probar nuevos alimentos en lugares desconocidos? ¿Es más probable que las aves innovadoras colonicen un nuevo país en el que han sido introducidas? ¿Quién es más innovadora, una especie que permanece en un lugar todo el invierno u otra que migra al sur? ¿Ser innovador permite a la especie diversificarse en un mayor número de especies y subespecies?

Este libro da respuesta a todas estas preguntas.

¿Los páridos comparten una cultura?

L os ornitólogos, tanto aficionados como profesionales, son personas extraordinarias. Gracias a sus exhaustivas listas de observación y a su habilidad para reconocer las especies más raras, son capaces de detectar rápidamente la presencia de una especie en un lugar donde normalmente no está. En 2001, me invitaron a hacer una ponencia sobre innovaciones en la conferencia de la Association Québécoise des Groupes d'Ornithologues (ahora Regroupement Québec Oiseaux). Tras el almuerzo, se organizó un concurso de identificación de especies basado en fragmentos de imágenes de diferentes plumas. En mi mesa, tres personas acertaron todas las respuestas e identificaron la especie de cada una de las doce imágenes presentadas. Yo terminé con *menos tres*, ya que los errores cometidos penalizaban. Sentí bastante vergüenza cuando me llamaron para comenzar mi intervención...

Así que confío en los amantes de las aves y sus publicaciones porque mi capacidad para reconocer especies en la naturaleza es muy limitada. Puedo distinguir el trepador del párido porque uno de ellos, el trepador, creo, se posa boca abajo en los troncos de los árboles... La ornitología es una de las ciencias en la que los no profesionales pueden publicar sus descubrimientos en revistas serias. Hasta el siglo XX, esto era común en todas las ciencias, pero hoy es difícil imaginar que la investigación avanzada en física o química se lleve a cabo fuera de un laboratorio universitario o industrial. En el campo de la ornitología, los que más saben a menudo son los aficionados. Entre ellos compiten internacionalmente por convertirse en la persona que ha observado el mayor número de especies de aves en un solo año: el récord actual lo ostenta el holandés Arjan Dwarshuis, con un total de 6.852, es decir, más de dos tercios de todas las especies existentes. Otro récord es del 9 de mayo de 2020, cuando más de 50.000 aficionados de todo el mundo realizaron 2,1 millones de observaciones de 6.479 especies de aves en un solo día, actividad que organiza regularmente el Cornell Lab of Ornithology de la Universidad de Cornell. Desde 1900, la Sociedad Audubon ha confiado en este evento para organizar su recuento anual de Navidad, en el que miles de ornitólogos aficionados ayudan a cuantificar las poblaciones de aves. Con el tiempo, la llamada "ciencia ciudadana", la participación del público en la recopilación de datos científicos ha generado nuevas iniciativas entre los amantes de las aves: el North American Breeding Bird Survey utiliza datos de observadores voluntarios en Canadá, Estados Unidos y México, mientras que el proyecto FeederWatch, también coordinado por la Universidad de Cornell, recoge observaciones de personas que tienen comederos de aves instalados en sus casas. En Brasil, el sitio web WikiAves alberga más de 4 millones de fotos enviadas por amantes de las aves.

Hay que decir que las aves nos facilitan mucho el trabajo. Muchos mamíferos son nocturnos, silenciosos y de color neutro, lo que dificulta su observación. En cambio, las aves son coloridas, ruidosas y casi siempre diurnas. La belleza de su plumaje, su vuelo y su canto animan a la gente a atraerlas con comederos y jardines de frutas y flores, así como a organizar grupos de observación. Quizás resultaría extraño que un grupo de gente se reuniese al atardecer en un vertedero o una alcantarilla para observar las idas y venidas de las ratas con prismáticos infrarrojos, pero para nosotros no hay nada de extraño en reunirnos al amanecer cerca de un pantano o un bosque para observar aves.

En Inglaterra y el resto de Europa, los páridos son unas de las aves más populares entre los observadores; sin duda, esto facilitó la recopilación de datos sobre el origen y la propagación geográfica de la apertura de las botellas de leche. Los páridos también figuran entre las especies más estudiadas por los científicos. En biología existe un motor de búsqueda, *The Zoological Record*, que cataloga todos los años todos los artículos publicados acerca de todas las especies animales en revistas científicas. De este modo resulta sencillo saber el número de artículos publicados en un periodo determinado, lo que nos permite comparar el esfuerzo que los investigadores dedican a cada tipo de ave. Por ejemplo, el gorrión común es la especie con mayor número de innovaciones, pero también es la sexta especie más estudiada, según *The Zoological Record*, de las cerca de 10.000 que existen, lo cual es un detalle importante, ya que es mucho menos probable observar una innovación en una especie que nadie estudia (el caso de una quinta parte de las 10.000 especies) que en una especie popular, numerosa y que habita en regiones fácilmente accesibles, como el estornino, la gaviota argéntea europea y el ánade azulón, tres de las diez aves más estudiadas. En nuestros análisis, mis colegas y yo siempre añadimos el esfuerzo de investigación para eliminar de nuestros cálculos este tipo de sesgo.

Los páridos que innovan abriendo botellas de leche son aves curiosas y accesibles: cuando se instalan nuevos comederos en ciudades o bosques, el carbonero común es el primero en descubrirlos. También es uno de los pájaros más estudiados del mundo: ocupa el quinto lugar entre unas 10.000 especies; su primo, el herrerillo común, ocupa el decimonoveno. En Inglaterra, en la década de 1940, William Thorpe, profesor de etología de la Universidad de Cambridge, recopiló y analizó para la revista *British Birds* una serie de experimentos realizados por aficionados con páridos que visitaban sus comederos. La mayoría de las pruebas se basaban en el test de la cuerda: se coloca comida en un extremo de una cuerda que cuelga de una percha y se espera que el pájaro tire del otro extremo con el pico, fije este extremo a la percha con la pata para que no retroceda y repita estas operaciones hasta que pueda acceder a la comida. A menudo el éxito en esta prueba se ha considerado una demostración de inteligencia porque implica una secuencia de operaciones que combinan varias acciones (tirar, fijar, volver a tirar, y finalmente fijar) y presupone una cierta comprensión de las relaciones causa-efecto (si suelto el trozo de cuerda del que acabo de tirar, la comida volverá a caer). El jilguero del famoso cuadro holandés (y novela y película del mismo nombre) es conocido desde hace siglos por su capacidad de llevar un dedal lleno de agua a su jaula. El caso más espectacular del test de la cuerda en la naturaleza se observó en Suecia: unas cornejas cenicientas robaban peces capturados por pescadores con un sedal colocado bajo el hielo de un lago. Trabajando conjuntamente, las cornejas sacaban el sedal del agujero y luego, pisando el sedal para evitar que volviera a caer bajo el hielo, volvían al agujero para sacar un segundo tramo y así sucesivamente hasta hacerse con los peces.

Algunos de los experimentos de Thorpe en la naturaleza fueron aún más ingeniosos, por no decir extraños. En la década de 1940, un tal Brooks-King inventó algo que podría parecer un típico *pinball* de un salón recreativo para los páridos de su jardín. En una lámina vertical de metacrilato, hizo cinco filas de agujeros, cada uno de ellos tapado por un trozo de madera extraíble. Colocó una nuez en uno de los agujeros de la fila superior. El pájaro tenía que quitar el trozo de madera que bloqueaba el agujero donde estaba la nuez, haciéndola caer a la segunda fila, donde luego tenía que quitar el trozo de madera que bloqueaba ese agujero, liberando la nuez en un agujero de la tercera fila y así sucesivamente hasta que la nuez caía en un receptáculo abierto en la base del dispositivo. Solo faltaban los lanzadores con resorte, las palancas, las luces y los sonidos para convertir el dispositivo de Brooks-King en el verdadero juego arcade de las antiguas películas americanas.

Varias especies de páridos exploraron la máquina y superaron la prueba, siendo el herrerillo común el mejor de todos. No solo los comederos enrevesados de Brooks-King atraen a los páridos, sino todo tipo de objetos. En 1949, las aves se dejaron llevar por una especie de locura exploratoria: invadieron los hogares ingleses y empezaron a picotear y a hacerse con todo lo que encontraban en su camino. Igual que pasó durante la proliferación de sitios donde se abrían botellas de leche, la revista *British Birds* se puso a investigar. Esta vez, el detective fue el meticuloso coronel W. M. Logan Home, que documentó la epidemia de saqueos de ese año en un inventario detallado. El recuento de Logan Home es un poco tedioso, pero merece la pena citarlo íntegramente por su extrema precisión y, admitámoslo, por asemejarse a un *sketch* de Monty Python... En otoño del año 1949 —anota el coronel—, los páridos ingleses atacaron 1.564 superficies de papel pintado, 199 periódicos y revistas, 114 cubiertas de libros, 110 señales de identificación en las puertas, 106 pantallas de lámparas de papel o seda, 36 cartas, 36 felpudos, 34 cartones de bebida, 25 paquetes de semillas en invernaderos, 22 cajas de cerillas o cigarrillos, 18 rollos de papel higiénico, 18 tiras de pegamento en árboles frutales, 10 carteles fijados en pórticos de iglesias, 7 trozos de papel que separan las pinzas de tender, 7 papeles para envolver fruta (sin que la fruta se hubiera manchado —detalla el coronel—), 6 etiquetas de botellas, 4 tapas de tarros de mermelada, 3 billetes de 10 chelines de la libreta de un lechero, 4 sellos arrancados de cartas, 3 cajas (vacías) de fuegos artificiales y, por último, una etiqueta en una llave por la que se habían peleado dos páridos. ¡Y eso no es todo! Luego está la lista de elementos textiles: 54 prendas de ropa en tendederos, 9 trozos de cuero de relojes o sillas de montar, el relleno de 5 cojines y 4 sillas, 3 bordados de cortinas, 3 botones, 2 guantes, 2 ovillos de lana, un sombrero, e incluso el estuco del techo de una iglesia y la alfombra de una escalera...

El trabajo de Logan Home, tan preciso como crucial, reveló que, si bien todos esos páridos ingleses exploraron más de 2.400 objetos insólitos aquel año, el episodio de las botellas de leche quizá no fuese algo tan especial, ya que abrirlas no les habría exigido observar y copiar a otro pájaro, sino simplemente poner en práctica su curiosidad por un objeto entre muchos otros. Por tanto, este es un argumento en contra de la transmisión cultural por imitación y uno a favor de una explicación mucho más sencilla: la exploración individual.

Tuvo que pasar casi un siglo desde las primeras observaciones en Swaythling y los estudios realizados por Lucy Aplin, Julie Morand-Ferron y Ben Sheldon, estudiante de doctorado, investigadora posdoctoral y profesor de la Universidad de Oxford respectivamente, para que la balanza se inclinara a favor de la cultura. Su primer experimento se llevó a cabo en una pajarera con herrerillos comunes capturados en el bosque y divididos en grupos diferenciados. En cuatro de estos grupos, un ave elegida al azar fue entrenada para perforar las tapas metálicas de recipientes que escondían un pequeño trozo de comida; en otros cuatro grupos, se entrenó a un individuo para levantar las tapas de cartón de recipientes idénticos; en los últimos cuatro grupos, no se entrenó a ningún individuo para abrir los recipientes, por lo que las aves tuvieron que resolver el problema por sí mismas. Una treintena de miembros de los grupos con un pájaro preentrenado aprendieron a abrir las tapas, la gran mayoría copiando la técnica (perforar el metal o levantar el cartón) de su demostrador, aunque estuvieran presentes los dos tipos de tapa. Ninguno de los treinta y dos miembros de los grupos sin demostrador preentrenado abrió los recipientes.

A continuación, Lucy Aplin y Julie Morand-Ferron trasladaron su método a la naturaleza. Esta vez estudiaron carboneros comunes en Wytham Woods, una estación de investigación que pertenece a la Universidad de Oxford desde la década de 1940. Los carboneros de este bosque han sido observados, anillados y medidos durante cuarenta generaciones. Las aves de hoy llevan, además de sus anillas tradicionales, transpondedores pasivos incorporados, microchips que se activan cuando el ave pasa cerca de una antena especial conectada a un ordenador. El bosque de 385 hectáreas dispone de más de 1.000 cajas nido prefabricadas para los carboneros; los comederos están repartidos por toda la zona y la identidad de cada carbonero que los visita queda registrada gracias a su microchip. A efectos del experimento, una serie de comederos, colocados a suficiente distancia entre sí para atraer a distintos grupos de carboneros, se equiparon con dispensadores de comida ocultos tras una puerta que podía abrirse empujándola hacia la izquierda o hacia la derecha.

Al igual que en el estudio de laboratorio, se entrenó previamente a algunos individuos para que empujaran la puerta y la abrieran. Se esperó a ver si estos demostradores transmitían la innovación a los carboneros que los observaban. Efectivamente, más de 400 carboneros abrieron las puertas un total de 57.909 veces en el transcurso del estudio. Gracias a los microchips, se pudieron analizar las redes sociales de las aves para saber quién estaba con quién y comprobar si aprendían siguiendo a individuos que ya sabían abrir puertas. Igual que en el experimento de laboratorio, se entrenó a los demostradores con dos técnicas diferentes: las puertas del comedero se pintaron mitad azul y mitad rojo y se entrenó a ciertos demostradores para empujar el lado azul hacia la derecha o el lado rojo hacia la izquierda. Como en todos los experimentos sobre transmisión social, también se dejaron grupos de control sin demostradores: muy pocos carboneros aprendieron a abrir las puertas en estas condiciones.

En los comederos con demostradores, más del 90 % de los páridos utilizaron la técnica de su demostrador, es decir, empujar el lado azul hacia la derecha o el lado rojo hacia la izquierda. Lo que fue aún más interesante fue cómo se conformaron las aves con la tradición local: los comederos se abrían tanto hacia la derecha como hacia la izquierda y algunos individuos descubrieron "por error" (empujar en una dirección distinta a la mostrada por el demostrador) que eso también daba resultado, pero enseguida volvían a ceñirse a la técnica más común en su zona. Es más, cuando un párido de una zona de "azul a la derecha" se trasladaba a otra en la que la tradición era "rojo a la izquierda", cambiaba su técnica y se amoldaba al estilo local.

Desde 2021, Lucy Aplin y sus colegas hicieron más complejo el estudio de la transmisión social. En Wytham Woods, y en otras grandes pajareras del Instituto Max Planck de Radolfzell (Alemania), el equipo quiso ver cómo una simple innovación podía generar el equivalente a la cultura acumulativa.

Para nosotros, la cultura no es solo la transmisión social de una innovación, sino también el desarrollo progresivo de mejoras basadas en la innovación original, que también se transmitirán. En otras palabras, para inventar el neumático de invierno con clavos no hay que reinventar la rueda, basta con añadir clavos a los neumáticos de invierno normales, que son una mejora del neumático de verano, que es una mejora de los primeros neumáticos hinchables, que son una mejora del neumático de metal duro, que es una mejora de la rueda de madera... y así sucesivamente.

¿Existe la cultura acumulativa en animales no humanos? Aplin y sus colegas enseñaron a unos páridos una técnica ineficaz para abrir unas pequeñas puertas empujándolas, de modo que se requería un esfuerzo mayor para abrirlas por el lado que les enseñaron que por el otro. Un día, un párido empujó por el lado que no le habían enseñado y se dio cuenta de que era mucho más fácil. ¿Se transmitiría la mejora? La respuesta es sí. Lucy Aplin y sus colegas también enseñaron a sus páridos dos técnicas distintas: empujar una puerta y girar una rueda. A continuación, modificaron el dispositivo que daba acceso a la comida para que solo fuera eficaz una combinación de las dos técnicas. También en este caso los páridos salieron airosos. El tiempo dirá hasta qué punto los páridos (y las habilidades experimentales de investigadores como Lucy Aplin) pueden hacer avanzar nuestra comprensión de la cultura no humana. En este caso, lo importante es que el cerebro del animal que aprende por imitación pesa menos de un gramo, 1.500 veces menos que el nuestro.

Ciencia y pseudociencia

En el caso de los páridos, está claro que la observación es el mecanismo de la transmisión cultural. Que sepamos, un párido que sabe cómo acceder a la comida no enseña intencionadamente la técnica a otro individuo. En los humanos, el lenguaje y la enseñanza facilitan el aprendizaje social, pero tanto para nosotros como para los no humanos, la transmisión es algo material y no implica nada esotérico. Al menos eso es lo que piensa la mayoría de los investigadores, aunque no es el case de Rupert Sheldrake. Según este entusiasta de la parapsicología, existe otro modo de transmisión: él lo llama "resonancia mórfica", la transmisión del pensamiento y la memoria por campos colectivos de interconexiones telepáticas... Según Sheldrake, la resonancia mórfica nos "avisa" de que alguien nos está observando, razón por la cual nos giramos de repente y nos damos cuenta de que, efectivamente, alguien nos está observando. También se cree que la resonancia mórfica es la responsable de la entusiasta bienvenida de nuestro perro cuando llegamos a casa, ya que le permite "saber" que estamos a punto de llegar. Otro ejemplo: ¿visitamos las pirámides de Egipto, el Foro Romano, el Partenón o la isla de Pascua? Es evidente que nos atraen estos lugares cargados de una poderosa memoria colectiva "transmitida por resonancia mórfica"... Nada más lejos de la realidad, ¿pero qué relación hay entre esta pseudoteoría y los páridos ladrones de botellas de leche? Sheldrake afirma que son las ondas mórficas de la memoria colectiva las responsables de la transmisión de la apertura de botellas de leche. Y para él, la mejor prueba de este fenómeno procede de los Países Bajos. En este país, el reparto de leche a domicilio se interrumpió durante los largos años de la Segunda Guerra Mundial y se reanudó hacia 1948. En cuanto las botellas de leche volvieron a las puertas de los hogares holandeses, los páridos empezaron a abrirlas de nuevo. Es probable que estas aves no tuvieran ningún recuerdo personal de la situación, dado que los páridos de 1948 no habían nacido antes de la guerra (la longevidad media de los páridos que vivían en los Países Bajos en aquella época se estima en menos de dos años). Para Sheldrake, la única explicación posible de esta rápida recuperación son las oleadas de memoria colectiva que persistieron en la región...

La página web de este ilustre señor ilustra bien todas las características de una pseudociencia, una teoría no científica que imita algunos de los atributos de la ciencia, sin su rigor científico. Merece la pena examinar más de cerca este tipo de enfoque. En un sitio web de pseudociencia suele haber las dos caras de la moneda: la aplicada y la excéntrica. El doctorado de Rupert Sheldrake en bioquímica por la Universidad de Cambridge, sus becas en la Universidad de Harvard y la Royal Society y el impresionante número de citas que tiene en Google Scholar parecen serios, pero pronto nos adentramos en instituciones menos rigurosas como la *Wisdom University* —*Universidad de la Sabiduría*— (también conocida como *Ubiquity University* —*Universidad de la Ubicuidad*— y *University of Creation Spirituality* —*Universidad de la Espiritualidad de la Creación*—) y el *Institute of Noetic Sciences* —*Instituto de Ciencias Noéticas*— (la "noética" sería el encuentro de nuestro cosmos interior con el cosmos exterior...), ambos en California, para después adentrarnos en la parapsicología con trabajos sobre loros telépatas y perros médiums. El resultado es una mezcla de aparente seriedad Harvardo-Cambridgiana y de rechazo de las reglas habituales de la ciencia, al tiempo que reivindica el estatus de experto al mismo tiempo que de paria. Y como en la mayoría de los sitios que hablan sobre una pseudociencia, se invita a los visitantes a comprar alguno de sus productos como libros, cursos o talleres ideados por el propio Sheldrake: por 625 dólares de matrícula y entre 548 y 2.292 dólares en gastos de manutención, se podría haber asistido a tres días y medio de "prácticas espirituales y científicas" con Rupert y su familia, más impuestos, servicios y sesiones de masaje y tarot (207,90 dólares).

Antes hemos visto que el segundo ejemplo de transmisión cultural entre no humanos es la invención del lavado de alimentos entre los macacos japoneses, observada por primera vez en 1954, y su posterior proliferación. También en este caso, los aficionados al esoterismo propusieron una teoría descabellada sobre la transmisión de innovaciones: el fenómeno del "efecto del centésimo mono". Según esta teoría, en el preciso momento en que el centésimo macaco aprendió a lavar patatas, se produjo un salto cualitativo, se alcanzó un umbral de "conciencia colectiva" y el comportamiento se extendió entonces como la pólvora a los demás macacos, más allá de su lugar de origen, el islote de Kōjima. Volvamos a la realidad: no fueron 100 macacos los que lavaron patatas en Kōjima, sino 36, y el mecanismo de "transmisión mórfica" no es más plausible en este caso que en el de los páridos holandeses.

La innovación y su transmisión viral suelen ser el resultado de condiciones particulares, incluida la presencia de individuos creativos. La innovadora del lavado de patatas en Kōjima fue una joven llamada Imo (que significa *taro*, un tubérculo de la familia de las patatas, en japonés). Tres años después, Imo inventó una segunda técnica, separar granos de arena y trigo con agua de mar, un método similar a la extracción minera de oro en ríos. Imo formaba parte de una familia dominante y, por tanto, tenía un acceso privilegiado a los alimentos; se dice incluso que el primatólogo que suministraba patatas y trigo a los macacos de Kōjima, Satsue Mito, animó un poco a Imo a hacerlo.

Los páridos ingleses de 1921 también se beneficiaron de la proliferación de un nuevo recurso: en su libro *The Barmaid's Brain*, el periodista canadiense Jay Ingram señala que la innovación siguió de cerca el inicio del reparto a domicilio de leche embotellada. Sin embargo, abrir botellas fue una tradición pasajera para los páridos. A partir de la década de 1960, el uso de envases de cartón o plástico, la moda de la leche entera o semidesnatada y la creciente escasez del reparto a domicilio debido a la disponibilidad de leche en los supermercados y en los *corner shops* ingleses lo cambiaron todo.

Lo cierto es que la innovación y su transmisión viral son características de la especie, o incluso de la familia a la que pertenece la especie. La palabra *familia* se utiliza aquí como categoría filogenética y no como palabra que designa una célula de padres e hijos. La filogenia es el estudio de las relaciones genéticas entre organismos, agrupándolos según el grado de similitud de su ADN en categorías más o menos amplias. *Homo sapiens* es el nombre de nuestra especie, que, junto con los neandertales y otras especies extinguidas, forma parte del género *Homo*, que, junto con los chimpancés, bonobos, gorilas y orangutanes, pertenece a la familia *Hominidae*. Una especie como el carbonero común, *Parus major*, pertenece a la familia *Paridae*, y el macaco japonés, *Macaca fuscata*, pertenece a la familia *Cercopithecidae*, que también incluye a los macacos rhesus, los macacos cangrejeros y los babuinos.

En otras palabras, no se trata solo de la innovación de las botellas de leche de los herrerillos y los carboneros comunes, así como de la innovación del lavado de patatas de los macacos japoneses, sino que hay docenas de casos más. En la base de datos de mi laboratorio, el herrerillo común tiene 20 innovaciones, el carbonero común 17 y los páridos 62 en total. Las innovaciones más espectaculares son las de los carboneros comunes que empiezan a matar y comer otros animales. En Polonia y Hungría, estos páridos entran en las cuevas para matar a los murciélagos que están hibernando. En una isla del norte de Suecia, un ornitólogo francés vio cómo un carbonero común mataba y se llevaba a un reyezuelo sencillo en pleno vuelo, como si fuera un ave de presa, antes de atacar a un pardillo norteño y a un mosquitero de Pallas. También se vio a un reyezuelo sencillo en Inglaterra, un chochín en Escocia y un papamoscas cerrojillo en Finlandia muertos a manos de un carbonero común. Y, como en una buena historia de zombis, el cerebro fue la parte que el carbonero devoró en todos los casos.

El método que utilizo en mis estudios para detectar innovaciones es muy sencillo: mi equipo y yo revisamos *todas* las revistas de ornitología que encontramos. Hoy lo hacemos en internet, mientras que en los años noventa consultábamos la extraordinaria biblioteca de ornitología que tenía entonces la Universidad McGill, la Blacker-Wood Library of Zoology and Ornithology, que allá por 1920 fue obsequio del oftalmólogo canadiense Casey Wood. En Blacker-Wood podíamos hojear todos los volúmenes, hasta el primero publicado en 1886, de revistas tan desconocidas como el *Journal of the Bombay Natural History Society* y *Vulture News* (que no es, como podrían imaginar los Monty Python, una revista escrita por y para buitres, sino una revista científica seria *sobre* buitres...).

La mayoría de las revistas ornitológicas tienen una sección de artículos breves en los que se describen observaciones de comportamientos inusuales. Mis alumnos y yo repasamos rápidamente todos los títulos de estas secciones hasta encontrar una de las palabras clave que servirán para que una anécdota sea calificada de innovación: "inusual", "nunca antes descrito", "primera observación", "uso oportunista", "flexibilidad", "aprendido", "inteligente", etc. Revisar todos los títulos en persona es el único método que funciona: sería imposible encontrar tantos casos con una simple búsqueda de palabras en internet. Por poner un ejemplo de estas palabras clave, el artículo que informa sobre depredación de aves pequeñas por parte de carboneros comunes dice textualmente que el caso es "absolutamente excepcional", que se trata de una "observación notable", que "no existen otras observaciones" de un comportamiento similar, que "la literatura no lo menciona", que el observador, "imagine [su] sorpresa", está "asombrado" y es "incapaz de producir el más mínimo paralelismo", lo cual además es confirmado por los editores de la revista y por un famoso ornitólogo de la Universidad de Oxford, David Lack. El hecho de dar a dos personas independientes la misma muestra de artículos para que la juzguen y que coincidan en el 90 % de las ocasiones sobre los casos que deben incluirse o excluirse, significa que el método de las palabras clave es fiable.

Otras innovaciones interesantes de los páridos incluyen dos casos de uso de herramientas (algo poco frecuente, salvo en los córvidos) en el herrerillo común y el carbonero montañés, un herrerillo bicolor que resuelve el test de la cuerda en la naturaleza (sacando una oruga de una rama por su hilo de seda), varios casos de carboneros cabecinegros en Norteamérica (y uno de un herrerillo común en Suiza) bebiendo savia de arce que gotea de carámbanos colgados bajo ramas rotas y carboneros cabecinegros arrancando trozos de grasa de un cadáver de un alce abandonado. Y aunque mi base de datos de innovaciones solo incluye casos de alimentación inusual, tengo que hacer una mención especial al herrerillo bicolor, conocido por su desvergüenza a la hora de construir su nido: se le ha visto robar pelo directamente de la cabeza de humanos y del lomo de perros e incluso mapaches, como demuestran numerosos vídeos disponibles en YouTube.

Los primates innovadores

El lavado de patatas de los macacos en la década de 1950 fue el primer ejemplo de innovación cultural de los primates, al igual que la apertura de botellas de leche de las aves. El estudio científico de las innovaciones se limitó a estos pocos casos hasta mediados de los años ochenta, cuando Jane Goodall, pionera en la observación de chimpancés en libertad y hoy famosa como activista medioambiental, fue la primera en destacar la importancia de la innovación para la ecología y la evolución de la inteligencia. En un artículo escrito en colaboración con el primatólogo suizo Hans Kummer, Goodall también nos proporcionó la primera definición científica de innovación: "una solución a un nuevo problema, una nueva solución a uno antiguo, un nuevo descubrimiento ecológico como un alimento que antes no formaba parte de la dieta del grupo" además de describir una serie de casos que había observado entre los chimpancés de su lugar de estudio en Tanzania.

Pero más allá de estos pocos casos, no parecía que hubiera suficientes anécdotas en las revistas de primatología como para producir el tipo de catálogo sistemático que yo había reunido para las aves; observar primates no resulta tan fácil como observar aves y muchas menos personas que no son académicas lo hacen. Dos biólogos ingleses, Kevin Laland y Simon Reader, zanjaron la cuestión: en la Universidad de Cambridge, Laland, como yo, se interesó por la transmisión social del comportamiento y en sus experimentos utilizó peces en lugar de palomas y tórtolas. Los peces eran importados de Asia, donde se criaban en grandes tanques al aire libre, pero a finales de los años noventa, cuando Laland supervisaba el doctorado de Reader, los peces llegaban enfermos a Inglaterra debido al efecto que tuvieron los incendios forestales en Indonesia en el agua de lluvia. Como los peces no estaban lo bastante sanos, hubo que interrumpir los experimentos y encontrar un proyecto alternativo que solo requiriera tiempo de biblioteca. Laland me preguntó si pensaba hacer con los primates lo que había hecho con las aves y le dije que no, y entonces su alumno, Simon Reader, empezó a rebuscar en las revistas de primatología. Reader y Laland recopilaron más de 1.500 casos de innovación, uso de herramientas y transmisión cultural en unas cuarenta especies de primates, con lo que ya se podía cuantificar el ritmo de innovación y utilizarlo en análisis científicos de primates y aves por igual.

Haré un pequeño inciso sobre Kevin Laland: si se hace una búsqueda en internet, entre las referencias más recientes se encuentra un tal "Kevin Lala" y no "Kevin Laland". ¿Se trata de un error? No: los padres de Kevin son inmigrantes de la India y cuando Kevin tenía cuatro años, sustituyeron su "Lala" nativo por "Laland" para que sonara más inglés y proteger a sus hijos del racismo. Cincuenta años después, en la cima de una brillante carrera en la Universidad de St. Andrews (Escocia) que le llevó a publicar 230 artículos científicos y 13 libros, así como a ser elegido miembro de la Royal Society de Edimburgo, Kevin decidió volver a su nombre original. Como escribe en su sitio web: "Puede que me haya beneficiado del anglicismo de mi apellido, pero no voy a dejarme intimidar por racistas".

Más allá de su innovación más conocida, los macacos, como los páridos, tienen toda una serie de comportamientos insólitos. En Japón, los investigadores han observado macacos lavando manzanas, patatas y trigo, además de comer ranas, lagartos, pájaros, pulpos y peces arrastrados por la corriente y también limpian raíces llenas de barro frotándolas contra piedras. Los macacos que viven en el norte de Japón, famoso por sus baños invernales en aguas termales, comen incluso truchas de río. Entre otras especies de macacos, el caso más espectacular es el de los macacos cangrejeros del templo de Uluwatu, en Bali, que roban gafas de sol, sombreros y bolsos a los turistas y solo se los devuelven a cambio de comida; se trata de la primera observación sobre el terreno de un fenómeno conocido hasta ahora solo en cautividad, el trueque, que chimpancés y capuchinos hacen con los humanos. Al igual que nuestros antepasados, los macacos cangrejeros también utilizan piedras para romper las conchas de ostras, bivalvos y gasterópodos. Los macacos rhesus del islote de Cayo Santiago, en Puerto Rico, que los investigadores llevaron a la isla en 1938, han desarrollado una técnica para abrir cocos: los lanzan sobre una plataforma de cemento. Los de la isla de Lois Key, en Florida, que hasta 1999 albergaba una colonia de cría de macacos rhesus con fines de investigación, han inventado una forma de encontrar agua cavando en la arena durante una sequía. En conjunto, el género *Macaca* ocupa el cuarto lugar (por detrás de chimpancés, capuchinos y orangutanes, pero por delante de gorilas) de los 27 géneros que tienen al menos una innovación en la base de datos de Reader y Laland. Y al igual que los herrerillos y los carboneros comunes, que demuestran su inteligencia tanto en los experimentos como en sus innovaciones en libertad, los macacos también destacan en las pruebas en cautividad. El antropólogo estadounidense Rob Deaner y sus colegas han analizado todos los experimentos comparativos realizados con primates en cautividad en las últimas décadas y ofrecen para cada género una clasificación basada en su rendimiento medio: el género *Macaca* ocupa el sexto lugar de 24.

Desde los casos observados por primera vez en 1921 y 1954, tanto los macacos como los páridos han generado suficientes innovaciones en las revistas sobre aves y primates como para elaborar índices cuantificables de inteligencia. Al principio, no estaba claro que el examen sistemático de las anécdotas de las revistas pudiera generar bases de datos tan útiles. En 1996, cuando mi alumno de máster Patrick Whittle me enseñó por primera vez los 126 casos que había encontrado hojeando revistas inglesas de ornitología, me caí de la silla: el método funcionaba, proporcionaba una muestra suficientemente completa de innovaciones como para utilizarla en análisis comparativos, y cuando me encontré a Simon Reader en una conferencia internacional en 1998 sobre transmisión cultural que yo coorganizaba en Nápoles y se limitó a asentir cuando le pregunté si lo que habíamos descubierto en las aves también se aplicaba a los primates, ¡no me lo podía creer!

Hacía tiempo que los investigadores en inteligencia animal habían abandonado las anécdotas para concentrarse en experimentos con sujetos en cautividad, más rigurosos y menos abiertos a interpretaciones antropomórficas. Ahora, cientos, hasta miles de anécdotas, podían proporcionarnos material para establecer un cociente de inteligencia con el que comparar especies.

Algunos investigadores dudan de mi método. Argumentan que, si no podemos fiarnos de *una* anécdota, ¿por qué deberíamos fiarnos de 4.455 anécdotas? Sin embargo, hasta ahora hemos evaluado la posible influencia de 13 fuentes de sesgo en nuestros análisis y hemos incluido hasta 16 factores que podrían crear resultados falsos, pero si algún día alguien demuestra, con cifras que lo avalen, que todo lo que hemos encontrado hasta ahora gracias a esta idea no es más que palabrería, me retractaré (con un poco de tristeza, eso sí...). Así es como evoluciona la ciencia: las continuas autocorrecciones pueden llevarnos a la verdad (que quizá nunca conozcamos) o, como mínimo, nos alejan cada vez más del error.

Por el momento, las bases de datos de innovaciones siguen generando resultados sólidos tanto en aves como en primates. Igual que el CI, éstas nos permiten cuantificar una de las facetas más importantes de la cognición —la invención de nuevas soluciones— en multitud de especies y poner a prueba todo tipo de hipótesis sobre evolución, ecología y las bases neuroanatómicas de la inteligencia, como veremos en las páginas siguientes.

Semilleros y pinzones de Darwin

V olvamos a las aves de Barbados. En la isla no hay gorriones, páridos ni cuervos. El nicho oportunista de estas especies lo ocupan, en mayor o menor medida, el semillero y el zanate caribeño. En la lengua vernácula local, al semillero se le conoce como *sparrow* (pronunciado "spara"), mientras que al zanate se le conoce como *blackbird*. El zanate tiene el plumaje negro y el aspecto explorador y depredador de la corneja, mientras que el semillero es de un marrón apagado, sin el babero negro de los gorriones macho. El semillero de Barbados (*Loxigilla barbadensis*) es descendiente de la especie que encontramos en las demás islas de las Antillas Menores, a la que los habitantes francófonos de Martinica y Santa Lucía (antes francesa, ahora inglesa, pero que conserva el criollo como idioma) llaman "*père noir*" (padre negro) por su plumaje negro y al que acompaña una garganta roja. En Barbados, tanto el semillero como el zanate han perdido el dimorfismo sexual que presentan en otras islas: en otros lugares, las hembras son pardas y los machos, negros, pero en Barbados los dos sexos son iguales. No es fácil saber por qué, ya que las dos especies han evolucionado en direcciones opuestas: en Barbados, el semillero macho ha adoptado el color marrón de la hembra y el zanate hembra, el color negro del macho.

Como nuestro gorrión, el semillero busca parte de su alimento allí donde los humanos dejan migajas. En 2000, Simon Reader, entonces becario postdoctoral de mi equipo en la estación de investigación de McGill, vio cómo semilleros se alimentaban de sobres de

azúcar en la mesa de un restaurante. Las aves los perforaban en el acto o, si se les molestaba, se los llevaban a su territorio para comer con tranquilidad. Algunos semilleros se limitaban a levantar y girar los sobres, como si no supieran perforarlos ellos mismos, ya que seguramente estaban más acostumbrados a comer el azúcar derramado por otro congénere.

Barbados solía llamarse Pequeña Inglaterra y a algunos turistas les gusta tomar té caliente por la tarde a pesar de los casi constantes 28°C. Aunque la isla está cubierta de campos de caña de azúcar y produce un delicioso azúcar moreno natural, hay gente a la que no le gusta su sabor a melaza y prefiere el azúcar blanco refinado, importado en sobrecitos. Los semilleros han descubierto que mientras un montón de azúcar natural que se sirve en un cuenco sobre la mesa puede ser fuente de conflictos con sus congéneres, los sobres, en cambio, tienen la ventaja de ser fácilmente transportables.

Cuando Simon Reader repartió sobres de azúcar a los semilleros en varios lugares, se sorprendió al comprobar que no les prestaron atención excepto en el primer restaurante. Posteriormente se descubrieron algunos lugares de la isla (e incluso de la vecina Santa Lucía) donde los semilleros sabían abrir los sobres, pero en general el comportamiento no se transmitía fuera del territorio del innovador. Los experimentos en cautividad han confirmado la debilidad del aprendizaje social en los semilleros: apenas una cuarta parte de los individuos colocados delante de un congénere previamente adiestrado aprenden a abrir el dispositivo clásico con obstáculos por observación, mientras que el 80-90 % de los zanates, que son gregarios, consiguen hacerlo.

Además de ser innovadores en su medio natural, los semilleros y los zanates caribeños resultaron ser sujetos muy activos en nuestros experimentos en pajarera. Después de que Simon Reader devolviera a un zanate a su lugar de origen a las dos semanas de "trabajo" en una jaula, éste regresó y siguió a Simon hasta la cocina donde preparaba la comida diaria para las aves en cautividad con la esperanza de recibir las recompensas de las que había disfrutado durante el experimento, aunque ya fuera libre. Una hembra enjaulada, al ver a uno de sus polluelos fuera de la jaula pidiendo comida, cogió un trozo de comida de su cuenco y se lo pasó tranquilamente a su polluelo a través de la reja. La adaptación de estos pájaros a cualquier circunstancia en Barbados los convierte en sujetos fáciles para el estudio. Es más, no parecen sufrir durante las pocas semanas que pasan en cautividad. No ocurre lo mismo con las zenaidas, como nos demostraron nuestras frustrantes experiencias en Barbados, ni con la especie hermana del semillero de Barbados, el semillero bicolor (*Melanospiza bicolor*). Durante años, ignoramos a esta última especie porque no es ni innovadora ni oportunista y no se acerca a la gente que está comiendo ni a las jaulas con cebo que utilizamos para atrapar a otras especies.

Un día, por fin me di cuenta de que el semillero bicolor es la especie de control perfecta para comprender la innovación del semillero de Barbados: es genéticamente muy cercano a este último, es tan territorial como él y frecuenta los mismos ambientes, y buscará tranquilamente las pequeñas hierbas que son su objetivo, mientras que, en la misma parcela de hierba, un semillero de Barbados cogerá

cualquier cosa que encuentre, desde hierbas hasta trozos de bocadillo. Las fotos que tomé desde el mismo lugar del patio de la iglesia contiguo a la estación de investigación de McGill lo confirman: un semillero bicolor se concentra en pequeñas briznas de hierba mientras que, a tres metros de distancia, dos semilleros de Barbados exploran un recipiente de pollo frito.

Además de perforar sobres de azúcar, los semilleros de Barbados beben de los cuencos de leche que acompañan al té. Al igual que los semilleros bicolor, pertenecen a la familia *Thraupidae*, cuyos miembros más famosos son los pinzones de Darwin. Los semilleros nos han permitido llegar al fondo de una de las cuestiones que planteábamos hace unas páginas: ¿cuál es la diferencia entre el cerebro de un ave innovadora y el de un ave no innovadora? Sería asombroso que la inteligencia, ya sea de un ave o de un primate, no tuviera nada que ver con el cerebro. Al fin y al cabo, es allí donde se llevan a cabo todas las operaciones que dirigen lo que en psicología y neurociencia se conoce como funciones ejecutivas, que guían nuestra planificación, la resolución de problemas, la flexibilidad y la capacidad para inhibir comportamientos inadecuados en una situación determinada. En los humanos, todo esto puede implicar el razonamiento abstracto y el lenguaje interno, y en parte depende de nuestro córtex prefrontal. Sin embargo, en aves y primates no humanos solo podemos observar su comportamiento tras ser sometidos a ensayos realizados en cautividad y en las innovaciones detectadas en libertad.

Una cabeza bien amueblada

Antes de pasar al cerebro de los semilleros, tenemos que hacer un inciso porque los investigadores no se ponen de acuerdo sobre lo que hay que medir en los cerebros de los animales. El cerebro humano pesa entre 1.300 y 1.500 gramos y contiene 86.000 millones de neuronas, 16.000 millones de ellas en el córtex. Nuestras neuronas transmiten información mediante un impulso eléctrico y el punto clave por donde pasa o se interrumpe esta información es la unión entre dos neuronas, la sinapsis, donde las proteínas de un lado se unen a las del otro para transmitir el impulso nervioso. Para comparar cerebros, ¿debemos registrar este impulso? ¿Identificar estas proteínas? ¿Contar las neuronas? ¿Medir el volumen craneal? ¿Y en todo el cerebro o solo en ciertas partes? Como no puede ser de otra manera, la respuesta es: "todo lo anterior".

El método más sencillo, y el que cubre rápidamente el mayor número posible de especies, consiste en recorrer los museos de historia natural, abrir los cajones que contienen los miles de especímenes recogidos en la época en que la zoología se hacía con pistolas y medir el volumen del interior de cada cráneo. Resulta también el método más ético, ya que las aves ya están muertas, mientras que los otros métodos exigen sacrificar un nuevo animal. Para medir el volumen, se taponan todos los orificios excepto el de la parte posterior de la cabeza y se llena el cráneo hasta el borde con pequeños perdigones de plomo; se agitan suavemente los perdigones para que se distribuyan uniformemente y se transfiere todo a una probeta; se repite la medición para asegurarse de que es fiable y se ajusta el resultado según una fórmula que transforma el volumen endocraneal en masa encefálica. Investigadores como el canadiense Andrew Iwaniuk y los catalanes Ferran Sayol y Joan Garcia-Porta han calculado así el tamaño del cerebro de casi 3.000 especies de aves. En Zúrich, Karin Isler hizo lo mismo con 176 especies de primates.

Si consideramos todas las especies animales, el tamaño del cerebro viene determinado en gran medida por el tamaño del cuerpo: un colibrí tiene un cerebro más pequeño (menos de 0,2 gramos) que un gran cóndor andino (32 gramos) porque también tiene un cuerpo más pequeño. Sin embargo, la relación no es perfecta ni directamente proporcional. De una especie a otra, el cerebro y el cuerpo no varían en la misma escala: el cerebro aumenta menos que el cuerpo. Por ejemplo, el cuerpo de un párido es 100 veces menor que el de un cuervo, pero su cerebro solo es 20 veces menor. Para comparar especies de aves, los investigadores suelen eliminar el efecto del cuerpo sobre el tamaño del cerebro. Hay varias formas de eliminar este efecto, algunas mejores que otras. La peor es la proporción del cuerpo representada por el cerebro, que se calcula desde un punto de vista proporcional: el cerebro de un cuervo representa el 1 %

de su cuerpo, pero el de un párido, el 7 %, porque la diferencia de tamaño corporal de las dos aves (1.100 gramos frente a 11 gramos) es mucho mayor que la de sus cerebros (15 gramos frente a 0,75 gramos). Un estudio que utilizara la relación cerebro/cuerpo estaría sesgado y proporcionaría sistemáticamente mejores resultados para las especies pequeñas.

Lo mismo ocurre con los primates: nuestro cerebro representa alrededor del 2 % de nuestro peso corporal. Es menos que el del tití, el tamarino, el mono ardilla y el tarsero, que tienen algo en común: son muy pequeños. Un investigador que calculara el tamaño relativo del cerebro en proporción al tamaño total llegaría a unos resultados un tanto extraños. Por ejemplo, llegaría a la conclusión de que cuanto mayor es el cerebro de una especie, más corta es su esperanza de vida y más rápido se desarrolla. Según este método, deberíamos vivir veintiún años en lugar de setenta y cinco, nacer después de cinco meses de embarazo en lugar de nueve y alcanzar la madurez sexual a los dos años en lugar de a los catorce...

Es importante utilizar una medida que controle por completo el efecto del tamaño del cuerpo sin sesgar las cifras en beneficio de las especies más pequeñas. La mejor medida se basa en el método estadístico de la regresión, emparentado con el de la correlación, en el que hay que empezar por transformar el tamaño del cuerpo y del cerebro de un gran número de especies en logaritmos para que la relación sea más homogénea. Trazando estos logaritmos en un gráfico, obtenemos una nube de puntos a ambos lados de un valor medio, en el que el tamaño del cerebro de una especie es exactamente el que vendría determinado por su tamaño corporal. No nos interesa el animal medio, sino las especies que están por encima y por debajo de la media y que, por tanto, tienen cerebros más grandes o pequeños de lo que su tamaño corporal debería producir. ¿Encontramos cerebros más grandes (por encima de la media) en especies más inteligentes? ¿Y encontramos cerebros por debajo de la media en especies menos inteligentes?

En análisis estadísticos, la cifra que indica la distancia entre esta media y el punto que representa a cada especie se denomina "residuo", porque es lo que queda una vez eliminado el efecto del cuerpo.

Por debajo de la línea, los residuos tienen signo *menos*, y por encima, signo *más*; una especie que esté muy lejos de la línea tendrá un residuo grande y una especie que esté muy cerca de la línea tendrá un residuo muy pequeño. En los datos de Ferran Sayol, por ejemplo, el mayor residuo positivo se encuentra en la cacatúa enlutada, mientras que el más alejado de la línea se encuentra en el guajolote ocelado.

El gráfico que hay a continuación muestra la variación del residuo cerebral una vez eliminado el tamaño del cuerpo en lo que se refiere a las aves analizadas en este libro: cuanto mayor es el cerebro en relación con el cuerpo, más larga es la barra a la derecha del eje vertical; cuanto menor es el cerebro, más larga es la barra a la izquierda del eje. De arriba abajo, las aves se colocan según su relación genética: cuanto más cerca están los grupos en el eje vertical, más próximos están desde el punto de vista evolutivo. El gráfico también muestra el árbol genealógico de las aves (los biólogos utilizan la expresión *árbol filogenético*). El punto en el que se encuentran dos ramas del árbol indica el momento de la evolución en el que el antepasado común de los dos tipos de aves dio lugar a líneas de descendencia distintas. Por ejemplo, los zanates y los tráupidos (semilleros, pinzones de Darwin) se separaron de su ancestro común hace quince millones de años. En el otro extremo del árbol, la línea que dio lugar a los avestruces y los emúes actuales se separó hace cien millones de años de la línea que produjo todas las demás aves. Más adelante veremos cómo se genera este tipo de árbol.

Las aves que aparecerán en los distintos capítulos de este libro se sucederán más o menos en el orden que muestra el gráfico. En primer lugar, nos fijaremos en los pájaros de la parte superior, los paseriformes: páridos, semilleros, pinzones de Darwin, gorriones, estorninos y mirlos. Después nos adentraremos en los grupos con cerebros un poco más grandes del centro del gráfico: águilas, garzas, pelícanos y cigüeñas, seguidos de los grupos de "lumbreras", las aves más inteligentes, con los residuos más altos: córvidos, pergoleros y loros. Terminaremos con los verdaderos cabezas de chorlito, los grupos de aves de la parte inferior del gráfico.

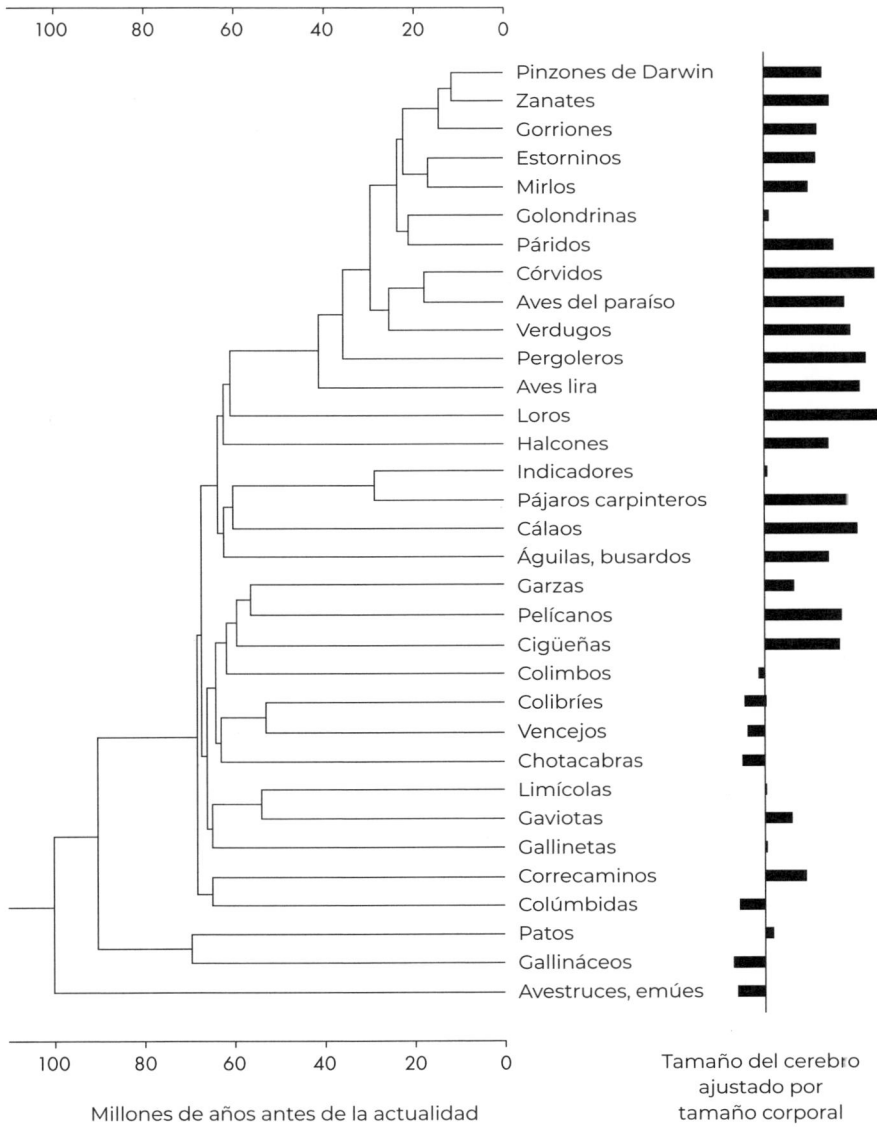

Tamaño del cerebro
ajustado por
tamaño corporal

Millones de años antes de la actualidad

Inteligencia y tamaño del cerebro

Hasta aquí por lo que se refiere al tamaño del cerebro, ¿pero es realmente el cerebro el mejor para medir la inteligencia? Muchos investigadores creen que no: dicen que hay tantas cosas distintas controladas por distintas regiones del cerebro que es como intentar conocer la potencia de un coche solo por el tamaño de la carrocería… Es cierto que un Mercedes GLS es más potente que un Smart, pero el Porsche más pequeño supera con creces a un gran Dodge Caravan, por lo que estos investigadores dicen que tenemos que entrar en el cerebro y centrarnos en las regiones implicadas en el control de la inteligencia innovadora. En los humanos, es el córtex, en particular la parte prefrontal. El problema es que medir con precisión un área dentro del cerebro es mucho más difícil que llenar el cráneo de un museo con perdigones. También es menos ético, porque la mayoría de las veces hay que matar a un animal nuevo. Y como muchas especies están protegidas o son de difícil acceso, las que están disponibles suelen ser especies domésticas o comunes como palomas, gallinas o aves de compañía. Así que hemos pasado de 3.000 especies para el volumen endocraneal a 67 para las zonas internas del cerebro, gracias de nuevo al canadiense Andrew Iwaniuk y también al quebequés Denis Boire. En los primates, la masa del córtex desciende de 176 a 47 especies, gracias al trabajo de un equipo alemán muy paciente del que formaba parte mi profesor de etología en la Universidad de Montreal, Georg Baron.

En el cerebro de las aves, el palio es el equivalente a nuestro córtex. Hace veinticinco años se creía que las aves no podían ser inteligentes porque no tenían la capa superficial compuesta por seis capas que recubre nuestro cerebro. A esta capa en los mamíferos se la llamó "neocórtex", porque esta "corteza" (que en latín significa *cortex*) era "nueva" (*neo*) en la evolución. Pero hacia el año 2000, los especialistas en neurociencia aviar se dieron cuenta por fin de que las aves tenían el equivalente a un córtex, pero no en la parte superior, como la que se encuentra en nuestro cerebro, sino que tenía forma de núcleos anidados en lo más profundo de los hemisferios cerebrales. El equivalente a nuestro córtex prefrontal es precisamente uno de estos núcleos, ubicado en la parte caudolateral, y recibe el nombre de "nidopalio". Es sorprendente que, en los humanos, una estructura que se sitúa en la parte anterior (*prefrontal*) y en la capa superficial (*córtex*) del cráneo, en las aves se halle en la parte lateral de la parte posterior (*caudo*, es decir, "cola") de un núcleo anidado (*nido*) en el centro del cerebro. Los científicos utilizan la abreviatura NCL para este nidopalio caudolateral. La evolución ha mantenido la función en sus modificaciones del cerebro inteligente, pero, igual que pasó con el antiguo Escarabajo de Volkswagen, las aves tienen el motor cognitivo en la parte trasera.

Pasar de estudiar el cerebro como un todo a analizar la corteza y el palio requiere más precisión, pero para llegar a la unidad de transmisión fundamental del sistema nervioso hay que llegar aún más lejos, es decir, a las neuronas. Y también cuesta más cuantificar neuronas que medir la masa del palio o del córtex, por no hablar de rellenar los cráneos de los museos con perdigones. Al menos, lo era hasta que los brasileños Suzana Herculano-Houzel y Roberto Lent inventaron una técnica para eliminar las prolongaciones neuronales, dendritas y axones, que pueden llegar a medir hasta treinta metros en una ballena azul, que eran los elementos que complicaban el cálculo. Su técnica, el fraccionamiento isotrópico, convierte en sopa una cantidad determinada de cerebro, separa por centrifugación los núcleos neuronales de los demás componentes y, tras teñir estos núcleos con anticuerpos, permite contarlos con un microscopio electrónico. De este modo Suzana Herculano-Houzel y sus colegas contaron las neuronas de una treintena de especies de mamíferos, incluidos los humanos (la cifra de 86.000 millones procede de sus cálculos). Más tarde, en la Universidad Carlos de Praga, Pavel Němec y su equipo contaron las neuronas de 111 especies de aves.

Seguimos aumentando el nivel de detalle: del cerebro completo al palio y del nidopalio a las neuronas, pero la medida más precisa de la función cerebral es, como hemos expuesto antes, la que tiene lugar en las uniones neuronales: las sinapsis. Ahí es donde pares de proteínas, neurotransmisores por un lado y receptores por otro, facilitan o inhiben la transmisión de señales nerviosas. Uno de los pares más importantes es el del glutamato, un neurotransmisor, y su receptor, el NMDA (N-metil-D-aspartato). Hace unos años, el equipo dirigido por el neurocientífico estadounidense Joe Tsien llevó a cabo un experimento extraordinario: modificaron los genes que producen distintos tipos de receptores NMDA en ratones. Dos de estos receptores, 2A y 2B, tienen efectos diferentes cuando se modifica su nivel de producción: los ratones a los que Tsien aumentó la producción de 2B resultaron mejores en todo tipo de tareas de aprendizaje, justo lo contrario que en los ratones a los que Tsien aumentó su producción de 2A. Lo importante es la proporción entre 2B y 2A; tanto en humanos como en ratones, esta proporción cambia de forma natural a lo largo de la vida: al principio, tenemos más 2B, y a medida que envejecemos, la proporción de 2A aumenta gradualmente.

El par glutamato-NMDA está presente en vertebrados e invertebrados, y en particular en la aplisia, un tipo de babosa marina cuyas enormes neuronas permitieron a Eric Kandel, premio Nobel de Fisiología o Medicina en 2000, comprender los mecanismos moleculares del aprendizaje. Ya en 1949, el psicólogo Donald Hebb, de la Universidad McGill, formuló que aprendemos gracias a la facilitación de las sinapsis tras la activación repetida de pares de neuronas; los recuerdos están en las uniones neuronales. El par glutamato-NMDA desempeña un papel fundamental en esta facilitación. Los amantes de la comida china que se preocupan por su peso habrán notado que el "aspartato" del acrónimo NMDA se parece mucho a la palabra *aspartamo* utilizada en los edulcorantes, y también vemos que el glutamato está presente en el MSG (glutamato monosódico). Por desgracia, las fórmulas exactas de estos parientes químicos son diferentes y mucho me temo que atiborrarnos de fideos secos o edulcorantes artificiales no ayudarían a nuestro rendimiento con los sudokus…

Después de este largo paréntesis sobre comparaciones cerebrales, nuestros semilleros barbadenses por fin entran en escena. Son estas especies las que nos proporcionan la única prueba en libertad de que la innovación, el oportunismo y la resolución de problemas se ven afectados por las uniones de glutamato y NMDA. En 2010 asistí a una conferencia sobre genes y conducta en Ventura, California. Mientras charlaba tomando un café con Erich Jarvis, impulsor de la revisión de la neuroanatomía aviar a principios de la década de 2000, me dijo que creía que los receptores de glutamato estaban implicados en la innovación y que nuestros equipos debían trabajar juntos para demostrarlo. Al año siguiente se presentó el estudiante de doctorado ideal para esa colaboración: Jean-Nicolas Audet tenía tanto una amplia experiencia de laboratorio en neurobiología molecular como interés por el comportamiento de las aves en libertad. Su trabajo nos permitió ir más allá de lo que habíamos podido entender hasta entonces sobre el papel de las neuronas en la inteligencia de las aves. Con la colaboración de otra estudiante de mi laboratorio, Lima Kayello, Jean-Nicolas preparó una serie de pruebas para poner de relieve las diferencias, pero también algunas similitudes, en la cognición del semillero de Barbados y su primo el semillero bicolor. Antes había que resolver tres problemas, ya que atrapar, enjaular y trabajar con un semillero de Barbados es relativamente fácil, pero hacerlo con un bicolor es harina de otro costal, puesto que no quiere entrar en las jaulas con cebo que colocamos en el suelo. Por ello hubo que instalar redes japonesas en zonas frecuentadas por estas aves. La red japonesa o de niebla es la herramienta más utilizada por los ornitólogos para capturar aves con fines de seguimiento y anillamiento. La red es ancha y tiene un color que dificulta la visión de las aves sobre un fondo boscoso, finalmente el ave se enreda en una serie de pliegues cuando vuela hacia la red, lo que permite extraerla suavemente sin dañarla. Siempre hay que tener vigiladas las redes, ya que los observadores de aves no son los únicos cazadores de pájaros: hay algunos correcaminos, aves rapaces y alciones que han aprendido que las redes japonesas son buenas fuentes de comida y devoran a sus presas antes de que los observadores lleguen a retirar las redes.

Los semilleros bicolor, además, sufren estrés durante el cautiverio. A pesar de que tienen pajareras con comida, agua, perchas y vegetación para sentirse protegidos, no es garantía de que quieran comer, y hay que vigilarlos durante las primeras veinticuatro horas de cautiverio. Si no han tocado nada, hay que soltarlos, ya que el ayuno y el estrés del cautiverio puede matarlos. Los que se acostumbran a la pajarera, tienen que bajar al suelo y comer su ración de comida de una pequeña placa de Petri, el tipo de plato de plástico transparente que se utiliza en el laboratorio. Una de las pruebas a las que se somete a las aves es variarles esta alimentación: se les ofrecen dos platos aparentemente idénticos, pero en un caso la comida está pegada al fondo del plato, lo que impide que puedan comerla, y en el otro, la comida es completamente accesible. Durante una serie de ensayos, cada tipo de plato se presenta sobre un fondo de color diferente para que el ave utilice esta pista para que aprenda a evitar las semillas pegadas; una vez que ha aprendido a distinguir los colores, se cambian los colores y el color que asociaron a las semillas accesibles un día se utiliza otro día para identificar las semillas pegadas. Por tanto, el animal tiene que aprender lo contrario a lo que aprendió el día anterior; así se mide el número de errores que cometen las aves antes de dominar el cambio de pistas. Este tipo de prueba es denominado aprendizaje inverso y es un ejercicio clásico en psicología para medir la flexibilidad cognitiva.

Ya estamos listos para comparar especies. Durante estas pruebas, los semilleros bicolor tardaron mucho más en decidirse que los semilleros de Barbados, que se abalanzaron sobre las semillas con su habitual despreocupación, aunque ello supusiera, al principio, chocar cada dos por tres con las que estaban pegadas. Pero una vez que se deciden, los bicolor no cometen más errores que los de Barbados, ni en la versión inicial de la prueba ni en su versión inversa: tras varios ensayos y errores, han aprendido qué color indica qué semillas son accesibles. En cambio, en el problema clásico de eliminación de obstáculos sin demostrador, solo los semilleros de Barbados consiguieron quitar la tapa que obstruía el acceso a la comida; ninguno de los semilleros bicolor fue capaz de hacerlo a menos que se les facilitara la tarea dándoles primero un recipiente abierto, luego uno con la tapa medio quitada, luego uno con la tapa casi cerrada, etc.

Entonces, ¿cuál es la diferencia entre los cerebros de estas dos especies? En primer lugar, ninguna con lo que respecta al tamaño del cerebro completo: el semillero bicolor y el de Barbados se hallan dentro del tamaño medio del cerebro de las 29 especies de su familia *Thraupidae* de las que tenemos datos. Sin embargo, las diferencias son espectaculares al tratarse de receptores NMDA: hay más receptores 2B que 2A en el palio de los semilleros de Barbados, pero más receptores 2A que 2B en los bicolor. En el nidopalio, y más concretamente en el área NCL, el equivalente de nuestro córtex prefrontal, es donde es especialmente significativa esta diferencia. Jean-Nicolas Audet encontró este resultado tras examinar 18 tipos de receptores en 6 partes del cerebro utilizando 3 métodos diferentes, uno de los cuales se basa en el análisis del transcriptoma, la secuenciación del ARN expresado en el cerebro. Se trata de genes que dirigen la producción de aminoácidos y proteínas (como el glutamato y el NMDA) en nuestro organismo, pero no todos los genes están activos todo el tiempo. Los que están activos transcriben sus instrucciones en ARN y la secuenciación de este ARN en una situación determinada es, por tanto, una medida del genoma expresado durante ese periodo. El neurocientífico Joe Tsien bautizó a sus superratones 2B+ con el nombre de Doogie, un adolescente prodigio muy popular en la televisión estadounidense de la época. El Doogie de los pájaros es el semillero de Barbados, pero lo es de manera natural: Joe Tsien no tuvo que jugar con sus genes. Por el momento, estas son las dos únicas especies con las que la investigación ha podido llegar tan lejos, pero Jean-Nicolas Audet, ahora becario postdoctoral en la Universidad Rockefeller, acaba de completar un estudio de 15 especies de aves paseriformes norteamericanas. El análisis de sus cerebros pronto nos dirá si las diferencias entre los dos primos de Barbados representan una regla general.

Las comparaciones de las sinapsis de dos especies de aves coinciden con las comparaciones de 111 especies en cuanto al número de neuronas, 65 especies en cuanto al tamaño del palio (el nidopalio y su vecino, el mesopalio) y varios miles de especies en cuanto al tamaño residual del cerebro completo: cuanto mayor es la tasa de innovación de una especie de ave, mayor es el nivel de expresión de sus receptores NMDA 2B, el número de sus neuronas paliales y el tamaño de su cerebro completo y de su nidopalio. Lo mismo ocurre con los primates: cuanto mayor es la tasa de innovación de una especie, mayor es el tamaño de su corteza cerebral. Desde la medida más general del sistema nervioso hasta la más detallada, el resultado es siempre el mismo: innovación y cerebro van de la mano.

Evolución en tiempo real

Los semilleros pertenecen la familia *Thraupidae*, célebre en biología evolutiva porque incluye a los pinzones de Darwin, los cuales son genéticamente muy próximos a nuestros dos semilleros barbadenses. Esta familia comprende casi 400 especies. De media, una nueva especie tarda dos millones de años en evolucionar. Teniendo en cuenta el tiempo transcurrido desde que el antepasado de los tráupidos se separó del de los demás grupos de paseriformes del Nuevo Mundo, hace quince millones de años, la diversidad de los tráupidos es muy superior a la media. ¿Ha ocurrido algo especial para que esta familia sea tan diversa?

Empecemos por un rasgo físico que parece ser excepcionalmente variable entre los tráupidos: la forma de su pico. Un pico robusto permite a un ave romper semillas muy duras, mientras que un pico delgado es más eficaz para buscar insectos, fruta o néctar de flores. Los estudios de genética molecular y las observaciones a largo plazo en la naturaleza han arrojado luz sobre cómo la evolución pudo modificar rápidamente la forma del pico de los tráupidos y favorecer a su asombrosa diversificación. Algunos investigadores hablan de evolubilidad, una combinación de rasgos y circunstancias que aceleraron la evolución de esta familia. Varios tráupidos han evolucionado en islas o en los Andes, dos entornos que favorecen la diversidad ya que aíslan a las poblaciones las unas de las otras. La cantidad de genes que controlan la forma del pico es sorprendentemente pequeña: estos dirigen la producción de proteínas que determinan el ritmo de dos programas de crecimiento: el que afecta al cartílago prenasal y el que afecta al hueso premaxilar. Gracias a este sencillo sistema, se produce la selección de un modo más rápido y se garantiza la adaptación del pico a los cambios del entorno. En lugares como las islas Galápagos, las especies también están lo bastante próximas genéticamente como para que sobrevivan híbridos fértiles (crías resultantes de la mezcla de dos especies que pueden producir descendencia), lo que aumenta la variación sobre la que luego puede actuar la selección natural.

La mayoría de las veces, la evolución es lenta y produce cambios que solo podemos deducir comparando el presente y el pasado mediante fósiles. Sin embargo, una de las pruebas más sorprendentes de la evolución en acción la obtuvieron hace unos treinta años los biólogos Rosemary y Peter Grant de un tráupido pariente de nuestros semilleros, el pinzón de Darwin picomediano, una de las dieciocho especies de pinzón de Darwin. Las islas Galápagos están sujetas a cambios extremos en su régimen pluviométrico, lo que significa que a menudo pasan de la sequía al diluvio y se modifica el tipo de plantas presentes en el medio natural y que, por tanto, son accesibles a las aves. En tiempo de pocas lluvias, las plantas producen semillas grandes y robustas y en años de abundantes lluvias, semillas más pequeñas. Las aves necesitan un pico fuerte y grueso para abrir semillas duras, pero un pico fino es más eficaz para decorticar rápidamente las semillas más pequeñas. Si la forma de este pico se hereda de los padres, si la mortalidad difiere entre pinzones con distintas formas de pico y si esta mortalidad cambia debido a variaciones en el régimen de lluvias que afecta a la alimentación, entonces es posible observar la selección darwiniana actuando en el presente. Esto es exactamente lo que descubrieron Rosemary y Peter Grant: entre 1972 y 1985, el clima de las islas alternó entre años lluviosos y años secos. En los años secos, los pinzones con picos pequeños morían porque eran incapaces de abrir las robustas semillas que dominaban el árido entorno. En cambio, las crías de los padres con picos fuertes sobrevivían y dominaban la población en los años siguientes hasta que volvieron las lluvias, que favoreció el dominio de las plantas con semillas pequeñas y, por tanto, de las aves con picos pequeños. Los Grant observaron los cambios en las precipitaciones y las plantas, midieron los picos de cientos de aves anilladas, anotaron su muerte o supervivencia, comprobaron que la forma del pico de un ave joven efectivamente se heredaba de sus padres y determinaron, con ayuda de biólogos moleculares, que un único gen, el ALX1, podía desempeñar un papel en esta evolución.

Entre 1972 y 1985 los Grant fueron testigos en tiempo real de la evolución de los pinzones, de cuya importancia Charles Darwin solo se dio cuenta unos años después de su famoso viaje: cuando desembarcó en las islas Galápagos en 1835, Darwin no tenía ni idea de que inspirarían su teoría de la evolución; según su cuaderno de bitácora, solo se alegró de ver en estas islas volcanes en erupción. Darwin ni siquiera reconoció correctamente a "sus" pinzones, pensando que eran chochines, mirlos o cardenales. Su ayudante, Syms Covington, recogió los especímenes y anotó cuidadosamente de qué isla procedía cada ave. Más tarde, en Inglaterra, el ornitólogo encargado de clasificar los ejemplares traídos por el *Beagle*, John Gould, llegó a la conclusión de que había individuos de una docena de especies de una sola familia, conocida ahora como *Thraupidae*. Poco a poco, Darwin dedujo que la docena de especies de pinzones, así como las cuatro especies de sinsontes que había visto en las islas, eran descendientes de antepasados que habían llegado a las Galápagos mucho antes y habían evolucionado gradualmente hacia formas divergentes en las distintas islas del archipiélago. Había nacido la teoría de la selección natural por adaptación a las diferencias ambientales.

Los pinzones de las Galápagos, tanto los de Darwin como los de Rosemary y Peter Grant, son por tanto el grupo estrella de la teoría de la evolución. Además de la forma de sus picos, también son famosos por sus innovaciones: de las 18 especies de pinzones de Darwin ahora reconocidas, más de la mitad añaden comportamientos inusuales a su búsqueda normal de alimento. El más estudiado es el pinzón de Darwin carpintero, que introduce ramitas, espinas o agujas de cactus en grietas para extraer insectos. Algunos individuos incluso innovan en esta innovación: los hemos visto utilizar virutas de corteza para rascar y poder quitar el musgo de las ramas o modificar una planta que no estaba presente en su isla hace unos años para convertirla en una herramienta más eficaz. Una hembra quitó las hojas y las ramas laterales de una ramita de frambueso (una planta importada que se considera una plaga en las Galápagos) y luego la introdujo en grietas, orientando las espinas para atrapar a sus presas. A los humanos, expertos en inventar herramientas, ya nos parece impresionante que un pájaro utilice una ramita para atrapar presas, pero que modifique el objeto que encuentra para aumentar su eficacia sugiere una inteligencia aún más avanzada.

El pinzón de Darwin chupasangre, que, contrariamente a lo que sugiere su nombre terrorífico, no es más que un pequeño pájaro gris de 20 gramos y es el autor de una innovación aún más espectacular:

en la isla Wolf, un pequeño islote perdido en el norte del archipiélago de las Galápagos, los pinzones depredan a los piqueros nazca y los piqueros enmascarados que anidan en las rocas abriendo heridas en su piel para luego beberse su sangre. Edward Gifford, el primer biólogo que se fijó en el uso de herramientas por parte de los pinzones de Darwin carpinteros en 1919 también había observado el interés de los pinzones de Wolf por la sangre. En aquella época, los ornitólogos preferían utilizar armas en lugar de redes para capturar a sus sujetos y la expedición trajo de vuelta cientos de cadáveres de las Galápagos listos para ser archivados en los cajones de los museos. Gifford observó que cuando disparó a un pinzón en la isla Wolf, los demás animales se apresuraron a beber la sangre que manaba de las heridas. Los pinzones no son psicópatas, pero, al igual que los náufragos y otras víctimas de accidentes aéreos recurren al canibalismo para sobrevivir, ellos han encontrado una solución extrema a la falta crónica de comida y agua en su islote. Friedemann Köster, biólogo y cineasta alemán, se dio él mismo como ofrenda a los pinzones de Darwin chupasangres. "En la isla Wolf", escribe, "es casi imposible no sufrir arañazos con cactus, rocas volcánicas o arbustos". Ofreció su brazo arañado a un pinzón que volaba en círculos (los pinzones de Darwin, como los semilleros de Barbados, son notablemente mansos), y el ave exploró inmediatamente la herida y bebió la sangre, para luego picotear el corte y extraer más sangre. Para su película, Köster se dejó picotear por más de una docena de pinzones, que abrieron nuevas heridas o reabrieron las antiguas cuando la sangre se había coagulado.

Este tipo de solución desesperada es habitual en las islas, sobre todo en las remotas y sometidas a variaciones climáticas extremas. En las Galápagos, dos especies de sinsontes también beben sangre de piqueros, albatros, iguanas y leones marinos; en el caso de esta última especie, la sangre procede de machos heridos en combate y de hembras que abandonan la placenta tras el parto. En las islas Revillagigedo, a varios cientos de kilómetros al oeste de México, los cuervos y los mochuelos de madriguera se ven obligados a comer cactus, y los busardos colirrojos, normalmente aficionados a los pequeños mamíferos, pasan a alimentarse de plantas y cangrejos. En la isla de Laysan, a las afueras del archipiélago hawaiano, los zarapitos rompen las cáscaras de los huevos de albatros golpeándolas con guijarros; ninguna otra ave costera (limícolas en el gráfico de los residuos cerebrales) muestra un comportamiento tan inteligente. Las islas son un entorno exigente: en general, las aves insulares tienen cerebros más grandes que sus homólogas continentales. El zarapito es un buen ejemplo de esta regla: tiene el cerebro más grande de toda su familia *Scolopacidae*. Más adelante veremos que el campeón absoluto de la inteligencia aviar, el cuervo de Nueva Caledonia también es originario de una isla, al igual que algunos de los loros más inteligentes, el kea neozelandés que vive en la Isla Sur y la cacatúa de las islas Tanimbar, en Indonesia. ¿Puede tener alguna consecuencia para las aves beber sangre o, como en el caso de los páridos ingleses y holandeses, nata, o comer patatas fritas o hamburguesas, como hacen las gaviotas y los cuervos? Aparte de los problemas digestivos, ¿las innovaciones podrían tener un efecto acelerador en la evolución? El biólogo Allan Wilson formuló una hipótesis al respecto: inspirándose en una idea del dos veces premio Nobel Linus Pauling, Wilson desarrolló el método de los relojes moleculares, es decir, la calibración del tiempo evolutivo mediante mutaciones en nuestro genoma. Como estas mutaciones se producen al azar y a un ritmo más o menos constante, se acumulan a lo largo de las generaciones. Dos especies que desciendan de un antepasado común tendrán un número de mutaciones proporcional al tiempo transcurrido desde que se separaron de ese antepasado. Esto no se aplica a una mutación que no resulte ventajosa, ya que la selección natural intervendrá rápidamente para eliminarla: los que la lleven tendrán pocos descendientes, si es que tienen alguno. Sin embargo, muchas mutaciones son neutras, sin efecto favorable ni desfavorable, y son las que proporcionan la estimación más fiable del tiempo evolutivo. Bastan unos cuantos fósiles bien datados para asegurarse de que el reloj molecular marca la hora correcta, del mismo modo que nosotros tenemos que ajustar nuestros relojes de vez en cuando a los datos de una página de internet o al pitido de la radio.

Gracias a la diferencia de estas mutaciones neutras entre los chimpancés y nosotros, Wilson y su colega Vincent Sarich pudieron, en 1969, datar nuestra separación del ancestro común en cinco millones de años (estimaciones más recientes dan algunos millones más). En la década de 1980, Wilson y su equipo aplicaron la idea de los relojes a los genes contenidos en nuestras mitocondrias, un elemento de nuestras células que solo contiene genes heredados de nuestra madre y que da lugar a linajes mucho más directos, como si fuéramos clones de especies asexuales, ya que no existen las combinaciones más complejas de la reproducción que mezclan alelos de progenitores masculinos y femeninos. También aquí hay una sorpresa: somos descendientes de una pequeña población de mujeres africanas de hace ciento cuarenta mil a doscientos mil años; tan pequeña, de hecho, que a estas "madres de todas nuestras madres" se las ha apodado *Eva Mitocondrial*.

Allan Wilson se preguntó si sus relojes eran realmente siempre neutros o si ciertas condiciones podían acelerarlos y entonces pensó en las innovaciones y en nuestros páridos bebedores de nata. Al inventar una nueva técnica o probar un nuevo alimento, un innovador entra en contacto con nuevas fuentes de selección natural: una mutación que favoreciera la digestión de la sangre en el caso del pinzón o la de la leche en el del párido —en este caso, lo que digiere son los lípidos de la nata, no los hidratos de carbono de la leche— sería útil y seleccionada por el innovador y sus descendientes, pero no por los individuos y especies que se quedarían los alimentos tradicionales. Según Wilson, este "impulso conductual" para la evolución tendría dos consecuencias: una tasa más rápida de cambio evolutivo en las especies innovadoras, ya que, gracias a ellas, las mutaciones cumplirían con mayor frecuencia las condiciones que probablemente les otorgarían una ventaja de supervivencia y reproducción, y una mayor tasa de especiación, ya que una especie innovadora tendría más probabilidades de producir una población diferente a las demás, lo que eventualmente conduciría a su divergencia genética. En el caso de los páridos, tendríamos un linaje urbanizado que digiere leche y un linaje forestal que continúa cazando insectos. Como predijo Allan Wilson en la década de 1980, estudios recientes del catalán Daniel Sol, investigador postdoctoral en mi laboratorio hace veinte años y ahora investigador en la Universidad Autónoma de Barcelona, han demostrado que las aves más innovadoras y con cerebros más grandes tienen más subespecies por especie, más especies por familia y una mayor diversidad de tamaños corporales por familia.

Al utilizar ramitas para buscar insectos en las grietas, los pinzones de Darwin son técnicamente innovadores, pero consumen el mismo tipo de alimento que sus congéneres que sacan insectos de debajo de las hojas con el pico. Un pinzón de Darwin chupasangre que bebe sangre de un ave marina entra en un reino digestivo completamente distinto: la sangre es rica en proteínas, hierro y sal, pero carece de muchos otros nutrientes, sobre todo vitaminas. ¿Una dieta como la del pinzón de Darwin chupasangre repercute en su sistema digestivo? Los demás pinzones de Darwin comen insectos, fruta, semillas, néctar..., de hecho, cualquier cosa que pueda encontrarse en las islas más ricas del archipiélago de las Galápagos. En los islotes del norte como Wolf, sin embargo, no hay nada de todo esto. Además de sangre, los pobres pinzones se ven obligados a comer huevos de aves marinas, guano y vómito de pez. Disponen de otra innovación muy especial para perforar los huevos, que proceden de las mismas aves marinas que la sangre y, por tanto, son muy grandes en comparación con los 20 gramos de pinzón. Los pinzones trabajan conjuntamente para hacer rodar los huevos hasta las rocas para romperlos; juntos, empujan, patean y utilizan sus picos como palancas. Inspeccionan periódicamente la cáscara y, en cuanto uno de ellos advierte la más mínima grieta, se precipita para agrandarla y devorar el contenido del huevo, incluido el embrión, que inmediatamente es despedazado por los pinzones que luchan por él.

Los pinzones de Darwin de estos islotes tienen un microbioma intestinal —la comunidad de bacterias, virus, hongos y otros microorganismos que viven en el aparato digestivo— que se ve afectado: a diferencia del de los pinzones de las islas más ricas en alimentos, se ha descubierto que contiene bacterias típicas de las presentes en carnívoros. Además, los análisis químicos de su plumaje arrojan resultados más parecidos a los de osos polares y lobos marinos que a los de otros pinzones, que se alimentan principalmente de plantas. Cuanto más arriba se encuentra un animal en la cadena alimentaria, más animales consume, que a su vez se alimentan de otros animales y más isótopo nitrógeno-15 se acumula en sus tejidos corporales. Basándonos en el nivel relativamente bajo de este isótopo, creemos que Oetzi, el humano de cinco mil años encontrado congelado en los Alpes en 1991, era principalmente vegetariano, lo que contrasta con los pinzones de Darwin de la isla Wolf, cuyos niveles de isótopo 15 se aproximan a los de consumidores de peces como tiburones, delfines, pingüinos y pelícanos. Existe incluso cierto grado de similitud entre el microbioma del pinzón de Darwin chupasangre y el del murciélago vampiro latinoamericano.

Si las innovaciones alimentarias pueden modificar el microbioma digestivo, ¿hasta dónde puede llegar su efecto evolutivo? En los humanos (pero no en los páridos), el consumo de leche en edad adulta tiene consecuencias genéticas, concretamente mutaciones en los genes que controlan la producción de lactasa, la enzima que nos permite digerir los hidratos de carbono de la leche. En otros mamíferos, la producción de esta enzima disminuye después de la infancia, cuando el individuo deja de tomar leche materna. Desde que, hace siete mil años, el ser humano empezó a domesticar ovejas, cabras y otros mamíferos, los productos lácteos, ya fueran frescos o secos, curados o fermentados, se convirtieron en un plato básico en muchas culturas donde la variante genética que produce la lactasa se encuentra con mayor frecuencia en humanos adultos, lo que ofrece a los individuos que la poseen una ventaja nutricional. El ejemplo más llamativo de impulso conductual no se encuentra en las aves, sino en las orcas. Existen dos estilos de vida distintas en las poblaciones de orcas que habitan los mismos océanos: el estilo "residente" y el estilo "errante". Las orcas residentes cazan peces, sobre todo salmones, mientras que las orcas errantes se alimentan de aves y mamíferos marinos; de este tipo tenemos vídeos espectaculares de orcas capturando focas en las playas de Sudamérica.

Estas especializaciones alimentarias tienen probablemente un origen cultural, es decir, son el resultado de innovaciones que se transmiten socialmente dentro de una población determinada. Los biólogos que estudian orcas creen que los cambios en la morfología, las vocalizaciones y la elección de pareja que acompañan a las diferencias alimentarias están creando dos especies distintas y, por tanto, están "impulsando conductualmente" su evolución. En 1970 se capturaron cinco orcas "itinerantes" en la Columbia Británica y se observó una experiencia conmovedora que ilustra tanto esta tenaz especialización cultural como el potencial altruista de este animal altamente social: a estas orcas itinerantes se les suministraba diariamente el alimento habitual del lugar de cautividad, peces, ya que normalmente solo había orcas residentes. Los trabajadores del centro no tenían ni idea de que las nuevas orcas rechazarían los peces. Por desgracia, así fue, ya que estaban acostumbradas a cazar mamíferos marinos en libertad. Cuando una de ellas murió tras setenta y cinco días en huelga de hambre, una de las otras dos orcas alojadas con ella aceptó finalmente un salmón, que fue a compartir con su única compañera superviviente en cautividad. Tras veinticuatro días en huelga de hambre, dos de las otras orcas errantes fueron trasladadas a una piscina con una orca "residente", quien les ofreció, a través de la red que las separaba, uno de los arenques con los que la estaban alimentando; unas horas después, las dos itinerantes aceptaron comer peces. Sin embargo, tras ser liberadas en la naturaleza, las orcas itinerantes volvieron a su especialización en mamíferos marinos.

Los límites de la inteligencia: el tubo trampa

La innovación probablemente se debe en primer lugar a simples cambios en las conexiones neuronales, al fortalecimiento de nuevas redes sinápticas gracias al par glutamato-NMDA. Si la innovación se transmite socialmente, también será a través de un proceso puramente neuronal, la memorización de lo que un observador ha visto en un innovador, como ocurrió con los páridos de Lucy Aplin. Así pues, al principio no existe ninguna mutación del ADN que pueda transmitirse genéticamente a los descendientes. Pero si en los páridos bebedores de leche se produjera una mutación en los genes que controlan la digestión de la lactosa, ¿favorecería esto algún día a la aparición de mutaciones en los genes que controlan el comportamiento innovador en sí? El problema es que el comportamiento tiene una base genética mucho más compleja que una simple modificación química como puede ser una enzima para digerir la lactosa.

En Europa, entre las poblaciones humanas que desde hace mucho tiempo consumen muchos productos lácteos, una única mutación es responsable. A falta de identificar los numerosos genes hipotéticos que podrían estar asociados a una innovación de comportamiento, podemos plantearnos dos preguntas: ¿todos los individuos de una población en la que observamos una innovación son capaces de utilizarla y, en caso afirmativo, pueden hacerlo sin experiencia individual o social, o sea desde su nacimiento? En otras palabras, ¿puede una innovación convertirse en innata con el paso del tiempo?

Todo esto puede resultar paradójico. Algunas innovaciones se observan en todos los individuos de una especie, a menudo bajo restricciones muy severas: por ejemplo, es difícil imaginar que un solo pinzón de Darwin chupasangre sobreviva en el islote de Wolf sin beber sangre o sin lanzar huevos a las rocas. En otros casos, es un único individuo el que se ha visto utilizar una innovación, como el pinzón de Darwin carpintero que utilizaba una astilla para raspar el musgo. Todos los ejemplos de innovación alimentaria se sitúan entre estos dos extremos.

La bióloga austriaca Sabine Tebbich intentó comprender en qué punto de este continuo se encuentra el uso de ramitas por parte de los pinzones de Darwin carpinteros. Empezó señalando que, según la estación y el lugar, las herramientas se utilizan en pocas o en muchas ocasiones. Las islas Galápagos tienen normalmente dos estaciones muy diferentes: una húmeda y otra seca. En la isla Santa Cruz, hay una zona de selva alta que permanece húmeda todo el año, mientras que la zona árida de abajo recibe de media muy poca lluvia de junio a diciembre. Los pinzones de Darwin de la zona húmeda pueden buscar invertebrados en el musgo y las hojas durante todo el año, pero los de la zona seca deben buscar alimentos mucho menos abundantes bajo la corteza y en las grietas de los árboles durante la estación seca. Casi todos los individuos de la zona seca utilizan ramitas para buscar presas bajo la corteza o en agujeros, lo que les proporciona la mitad de su ración diaria. El uso de herramientas es prácticamente inexistente entre los pinzones de la zona húmeda.

Así pues, el escenario está preparado para el siguiente experimento: si capturamos individuos en la zona húmeda que no utilizan herramientas y les ofrecemos comida al fondo de un agujero que no pueden alcanzar con el pico dentro de una pajarera, ¿qué ocurrirá? ¿Morirán de hambre como la orca antes mencionada? ¿Necesitarán que un pinzón de la zona árida les enseñe a utilizar una herramienta o podrán arreglárselas solos? Cuando Sabine Tebbich y su equipo capturaron 28 adultos en el humedal y les dieron, en cautividad, una larva insertada en la ranura de un bloque de madera, solo la mitad de las aves alcanzaron el alimento con una de las ramitas dispuestas alrededor del bloque, a pesar de que llevaban tiempo sin comer nada. A continuación, se colocó a los pinzones reacios con congéneres que utilizaban una herramienta y solo uno de ellos copió a su demostrador; los demás intentaron alcanzar la larva con el pico, pero nunca lo intentaron con una ramita. Además de los 28 adultos, Sabine Tebbich capturó una docena de individuos jóvenes y alojó a una mitad con un adulto que utilizaba herramientas y a la otra mitad con uno sin herramientas. El demostrador no tuvo ningún efecto; bastó con que los jóvenes tuvieran acceso a ramitas y larvas enterradas para que *todos* desarrollaran el comportamiento de jugar con las ramitas, las introdujeran en la ranura y, en la mayoría de los casos, extrajeran una larva. La mitad de los jóvenes incluso inventaron una técnica que no habíamos visto en libertad porque no funciona con los agujeros de los árboles: dejar caer la ramita en la ranura y luego utilizarla como palanca para elevar la larva hasta la altura del pico. La lección de estos experimentos es que todos los pinzones de Darwin carpinteros parecen interesarse desde la infancia por las ramitas y los alimentos enterrados. Dependiendo del contexto ecológico (húmedo o árido), pero no del contexto social (demostrador o no), aprenderán luego por sí mismos a utilizar o no eficazmente estas ramitas para encontrar invertebrados escondidos cuando las condiciones lo requieran, e incluso inventarán, en cautividad, una técnica desconocida en la naturaleza.

Si la exploración y el ensayo y error en la infancia son tan cruciales para el uso de herramientas en los pinzones de Darwin, ¿qué proporción de este comportamiento se debe a la inteligencia? ¿Comprenden los pinzones de Darwin carpinteros la relación causa-efecto entre una herramienta y su efecto sobre la comida? Esta es una de las preguntas más importantes en este tipo de estudios con animales: si modificamos la situación que el animal parece dominar y la hacemos más compleja, ¿se equivoca alguna vez? En la medida en que todos los tests de inteligencia con animales son en parte antropocéntricos, es decir, se basan en el comportamiento que tendría un humano en las mismas condiciones, es vital ver cómo la solución que encuentra el animal puede diferir de la del humano o ver en qué momento el animal ya no puede resolver el problema. Cabe señalar que aquí el término *antropocéntrico* no significa lo mismo que *antropomórfico*, que implica el uso abusivo de un proceso *cognitivo* humano para explicar el rendimiento de un no humano. Los ejemplos más famosos son los caballos y los perros, de los que se dice que son capaces de sumar, restar y dividir números e incluso de calcular raíces cuadradas... Lo que ocurre, de hecho, es que el animal capta la señal (por ejemplo, un ligero cambio en el tono de voz) que a menudo le da inconscientemente su entrenador cuando da la respuesta correcta.

En el campo de las herramientas, la mejor prueba para comprender las relaciones causa-efecto es el tubo trampa, inventado por la primatóloga italiana Elisabetta Visalberghi. Cuando un simio o un ave utiliza un trozo de madera para sacar comida de una cavidad, ¿actúa más o menos a ciegas moviendo la herramienta a su antojo o realiza acciones precisas que implican comprender cómo actúa la herramienta sobre la comida en cada momento? En esta prueba, se coloca una trampilla en el centro de la cavidad donde el animal tiene que buscar la comida. Si la comida se coloca justo *delante* de la trampilla, el animal solo obtendrá su recompensa si tira con la herramienta; si empuja, la comida caerá fuera de su alcance. Si, en la siguiente prueba, la comida se coloca justo *detrás* de la trampilla, ocurre lo contrario: si el animal tira de la recompensa hacia él, caerá dentro de la trampilla y la perderá. Lo importante aquí es ser flexible y reaccionar ante situaciones cambiantes: a veces hay que tirar para acceder a la recompensa, otras hay que empujar. Si el animal no sabe realmente lo que hace y agita a ciegas la herramienta en la cavidad, perderá la comida.

Veremos más adelante que los cuervos son capaces de dominar todas las variantes de esta prueba. ¿Y los pinzones? Mucho menos.

Tanto si se trata de un pinzón de Darwin carpintero que utiliza herramientas en libertad como si procede de una población que no las utiliza, casi todos los individuos se muestran indefensos cuando se les pide que reaccionen a los cambios en la prueba. El pinzón de Darwin carpintero es incluso peor que el pinzón de Darwin chico, otra especie de pinzón de Darwin, que nunca utiliza herramientas, en una prueba en la que simplemente debería subirse a una percha e inclinar la comida hacia él para evitar el lado de la percha que haría que la comida cayera en una trampa. Por tanto, la comprensión de causa-efecto no hace especialmente inteligente al pinzón de Darwin carpintero; simplemente muestra interés desde una edad temprana en explorar ramitas y aprender, por sí mismo y por ensayo y error, a extraer presas con ellas.

Si no hay nada especial en la inteligencia del pinzón de Darwin carpintero, ¿cómo podemos explicar su uso de herramientas cuando las condiciones ambientales lo exigen? ¿Cómo se explica la invención del vampirismo en la isla Wolf? Lo que sugiere Sabine Tebbich es que tanto el antepasado de los pinzones de Darwin como sus 18 especies descendientes actuales tienen, de forma innata, una flexibilidad y tendencia exploratoria más generales que toman diferentes direcciones en distintas poblaciones y contextos. De hecho, sin esta flexibilidad exploratoria, ¿cómo podrían haber sobrevivido sus antepasados en esas áridas islas, probablemente arrastradas por el viento del continente americano?

Hace veinte años, la bióloga estadounidense Mary Jane West-Eberhard expuso que la flexibilidad de los rasgos conductuales podía ser un factor importante en la evolución. Al generar diversidad no genética, se favorecería la invasión de nuevos nichos, lo que repercutiría en la selección de distintas variantes genéticas adaptadas a cada uno de esos nichos. Esta idea es bastante similar a la del impulso conductual sugerido por Allan Wilson. De este modo, la flexibilidad de sus antepasados habría permitido a los pinzones de Darwin sobrevivir a su traslado a islas lejanas, dispersarse por el archipiélago y encontrar diferentes soluciones en las zonas húmedas y áridas de las islas mayores o contrarrestar la falta de agua y vegetación en los islotes septentrionales como Wolf. En este sentido, el único pinzón de Darwin que no vive en el archipiélago de las Galápagos, sino en la isla del Coco, setecientos kilómetros más al norte, ha encontrado una solución totalmente distinta. A diferencia de sus parientes de las Galápagos, sus antepasados no se dividieron en una docena de especies, sino que en su isla única son los individuos los que se diferencian entre sí, especializándose desde la infancia para alimentarse de una forma concreta y aprendiendo de especies tan variadas como las reinitas para encontrar presas en los árboles y los andarríos y archibebes, aves playeras, para encontrarlas en las playas.

Como vimos antes, una de las características más variables de los pinzones de Darwin es la forma de su pico. En el islote Wolf, el más eficaz es un pico lo bastante afilado como para perforar la piel y los huevos de las aves marinas. De hecho, en las islas situadas inmediatamente al sur del islote habita el denominado pinzón de Darwin picofino, especie que deriva del pinzón de Darwin chupasangre, cuyos antepasados estaban de algún modo preadaptados a su dieta carnívora cuando llegaron a Wolf, como si Drácula, antes de cruzar los Cárpatos y llegar a Transilvania, procediera de una población con caninos prominentes que un día le facilitarían morder a sus víctimas en el cuello...

Volvamos a la flexibilidad del comportamiento, que es lo que más nos interesa. Los Grant no solo corroboraron la selección natural en el pico de los pinzones, sino también en su capacidad para aprender nuevas técnicas de búsqueda de alimento. Rosemary y Peter Grant observaron un conjunto de jóvenes pinzones de Darwin que primero experimentaron dos buenos años de abundantes lluvias, seguidos de un año extremadamente seco. Durante los años buenos, los pájaros encontraban comida fácilmente en el musgo y las hojas. Sin embargo, cuando llegó la sequía, tuvieron que cambiar radicalmente su comportamiento y buscar comida de otra manera. Todas las aves jóvenes que siguieron buscando comida como lo habían hecho durante sus dos primeros años de vida murieron; todas las que sobrevivieron cambiaron su comportamiento de búsqueda. Una diferencia de supervivencia tan extrema probablemente no sea común, pero el ejemplo ilustra bien cómo la flexibilidad puede ser una cuestión de vida o muerte y, por tanto, que permanezcan solo individuos innovadores en la descendencia, sea cual sea la base genética, simple o extremadamente complicada, de esta capacidad de cambiar.

Incluso podría ser que la curiosidad y la innovación de los pinzones de Darwin pudieran salvarlos de los peligros que plantean el turismo y la explotación económica de sus islas. En algunos lugares, como la ciudad de Puerto Ayora, los pinzones han empezado a comer alimentos traídos por los humanos. La proximidad al hombre puede tener consecuencias desastrosas: la actividad humana ha introducido en las Galápagos muchos virus, bacterias y parásitos, en particular una mosca invasora cuyas larvas chupan la sangre de los pinzones jóvenes. Sin embargo, una reciente innovación de los pinzones ha dado a la bióloga estadounidense Sarah Knutie una idea para combatir estos parásitos: cuatro especies de pinzones de Darwin se han aficionado a arrancar fibras de algodón de los tendederos de ropa de las zonas habitadas de las islas y a incorporarlas a sus nidos. Estas especies ya habían innovado al encontrar una solución natural contra los parásitos: las aves limpian sus plumas con hojas de un guayabo local que contiene elementos tóxicos para los insectos. Knutie y su equipo ofrecieron a los pinzones algodón tratado con permetrina, un insecticida. Los pinzones aceptaron la oferta y un estudio de seguimiento demostró que los nidos que contenían algodón tratado tenían la mitad de los parásitos que los nidos con algodón sin tratar y que las probabilidades de supervivencia de las aves jóvenes en los nidos tratados aumentaban en un 50 %. Así pues, la innovación ha cerrado el círculo: la curiosidad y la ausencia de miedo ponen a los pinzones en contacto con parásitos peligrosos, pero su sentido exploratorio les proporciona una solución gracias al algodón tratado que llevan a sus nidos y gracias a las hojas de guayaba que utilizan para limpiarse.

Si Sabine Tebbich está en lo cierto, los pinzones de Darwin son descendientes flexibles de antepasados flexibles. Pero ¿dónde encaja este antepasado en la genealogía de los pinzones de Darwin actuales? ¿En los primeros pinzones que llegaron al archipiélago de las Galápagos hace dos millones de años? ¿En los antepasados de estos pinzones en el continente americano? ¿En el antepasado común de *todos* los tráupidos, visto lo visto en los semilleros barbadenses y los pinzones de Darwin? Como en el caso de los páridos, es efectivamente toda la familia la que presenta innovaciones, con casi 100 casos en nuestra base de datos. Dos tercios de ellos se concentran en dos subfamilias bastante distantes desde el punto de vista genético, la que incluye a los pinzones de Darwin, así como a varios pinzones de las Antillas y de Centroamérica, y la que incluye a las tangaras del Nuevo Mundo. La innovación más espectacular de este grupo la hizo la tangara aliblanca, que aúlla como un lobo para robarle comida a las aves que ahuyenta con su táctica. En la selva amazónica, la tangara sigue a bandadas de otras aves y atrapa los insectos que huyen cuando estas pasan. Desde el lugar desde donde vigila a las demás aves, la tangara se sitúa en la mejor posición para ver venir a un depredador y así desempeña el papel de centinela emitiendo una llamada de alarma y avisando a los demás cuando aparece un ave de presa. Cierto es que también emite este grito cuando no hay ninguna rapaz, sino una presa que puede quedarse para ella, pero, como en la fábula, la tangara no puede permitirse abusar de su aullido, sino su doble función de centinela y ladrona no surtiría el mismo efecto.

Aprovecharse de la búsqueda ajena de alimento es, de hecho, la innovación más frecuente entre las tangaras. Tanto si una columna de hormigas legionarias espanta a unos insectos presas del pánico como si un pájaro carpintero perfora pozos de savia en los árboles, las tangaras son expertas en el hurto, aprovechando la comida que otros ponen a su disposición. Las tangaras también son muy rápidas para aprovechar una oportunidad fugaz, ya sea un enjambre de termitas u hormigas en vuelo o polillas atraídas por las luces. De hecho, el término *oportunista* es uno de los más frecuentes en los miles de anécdotas que mi equipo ha recopilado y probablemente sea el que mejor describa la innovación media. Aunque algunos casos parecen requerir un mínimo de inteligencia, lo que más suele sorprender al ornitólogo es la capacidad de ciertas especies para aprovechar una oportunidad, ya sean invertebrados descubiertos por un tractor, peces muertos por una turbina o roedores que huyen de una cosechadora. El oportunista se percata de este tipo de oportunidades, modifica su búsqueda habitual de alimento, se enfrenta a la posible novedad de la situación y aprende algo que puede serle útil más adelante en épocas de escasez.

No todas las especies son iguales cuando se trata de estas oportunidades. Algunas las evitan o, como los semilleros bicolor, no parece que les presten atención ni las recuerden. Otras las aprovechan al máximo, como las gaviotas en los McDonald's, los cuervos, gorriones y estorninos en las bolsas de basura, las cigüeñas y garcillas bueyeras en los vertederos y los zanates en los huertos y campos de cereal. La innovación también consiste en una propensión a probar algo nuevo que puede resultar problemático y perjudicial para nosotros, los humanos.

Si su alimento natural es el néctar de las flores, con el que su pico ha coevolucionado durante cientos de generaciones, todo va bien cuando su entorno es estable y estas flores siguen siendo abundantes. Pero a los humanos nos gusta cambiarlo todo: plantamos nuevas especies de flores por todas partes, inventamos modas como alimentar a los colibríes con comederos de colores llenos de agua azucarada, abrimos terrazas de restaurantes en los rincones más remotos del planeta... Un pájaro conservador seguirá fiel a sus flores tradicionales, pero un nectarívoro innovador aprovechará todas estas innovaciones: si se cruza con una flor importada cuya corola es demasiado profunda para su pico, el tráupido innovador perforará la base de la corola desde el exterior y beberá directamente del nectario; si ofrecemos agua azucarada a los colibríes, el tráupido innovador también acudirá al comedero, aunque para ello tenga que agarrarse al tubo de plástico con mucha menos elegancia que un colibrí; si se colocan sobres de azúcar en las mesas, el tráupido innovador los atravesará; si en los bares y restaurantes se ofrecen vasos de zumo azucarado, el tráupido innovador beberá de ellos... En las terrazas de las Antillas, los plataneros son los especialistas de este nicho: son pequeños, coloridos y tan monos con sus picos largos y curvados que uno prefiere hacerles una foto antes que ahuyentarlos cuando aterrizan en la mesa. Se beben el zumo e incluso un cóctel a riesgo de emborracharse.

Innovar o morir:
¿cómo se selecciona la innovación?

En entornos extremos como las islas Galápagos, donde el régimen de lluvias puede variar enormemente de un año a otro, encontrar una nueva forma de alimentarse puede resultar la diferencia entre la vida y la muerte. Pero ¿hay otras situaciones en las que la innovación puede salvarnos la vida? El biólogo catalán Daniel Sol, investigador de la Universidad Autónoma de Barcelona, se interesa desde hace años por las aves invasoras y urbanizadas, entre ellas la cotorra argentina, un loro sudamericano que ahora se encuentra en varias ciudades de Europa y Estados Unidos.

¿Cómo sobrevive en un nuevo país un ave que ha sido liberada, deliberadamente o por accidente? Si las condiciones allí son diferentes de las de su entorno nativo, ¿cómo se adapta? Daniel Sol pensó que la innovación podría serles útil. Los animales invasores son una de las mayores preocupaciones de los especialistas en conservación porque pueden introducir enfermedades, perturbar los ecosistemas que invaden y sustituir a las especies locales que resulten peores competidoras. Sin embargo, el problema de las invasiones naturales es que somos mucho más conscientes de las que han tenido éxito que las que han fracasado: "El mejillón cebra, procedente del mar Negro, ha invadido ahora los Grandes Lagos" es un titular más espectacular que "El mejillón azulejo se quedó en el Mar Caspio y nunca llegó a cruzar el Atlántico". Daniel Sol pensaba que las introducciones deliberadas no tienen este defecto, porque se han documentado tanto las que han tenido éxito como las que no. Por

lo tanto, los factores que predicen quién persistirá y quién desaparecerá se entienden más fácilmente con las introducciones porque hay datos que abarcan todo el rango de variación en la tasa de éxito.

Para su posdoctorado en mi laboratorio de McGill, Daniel Sol empezó estudiando los datos de Nueva Zelanda porque eran los mejores. Ya en 1860, los colonos blancos empezaron a introducir especies inglesas —mirlos, gorriones, pinzones vulgares— y australianas —alciones, cacatúas y verdugos— anotando el número exacto de individuos que se soltaban cada vez. En igualdad de condiciones, es más probable que una especie se establezca con cinco sueltas de treinta individuos cada una que con una sola de unos diez; este factor se conoce en los análisis como *propágulo*. Pocos años después de su introducción, las perdices pardillas, las codornices pectorales, los patos joyuyos y los escribanos palustres importados estaban todos muertos. Sin embargo, sobrevivieron mirlos, ánades azulones, barnaclas canadienses grandes, palomas bravías y otras 37 especies. ¿Y cuál es uno de los factores cruciales que separan el éxito del fracaso en la introducción? La respuesta es la tasa de innovación en el país de origen. Daniel Sol ha confirmado desde entonces este resultado en más de 600 introducciones de 195 especies de aves en todo el mundo y la innovación sigue siendo uno de los criterios de éxito, al igual que el tamaño del cerebro: las aves con cerebros más grandes en relación con el tamaño del cuerpo tienen más éxito a la hora de establecerse en un nuevo entorno.

A escala mundial, es el gorrión común, *Passer domesticus*, quien ostenta el primer lugar en nuestra base de datos de innovaciones, el as del éxito colonizador, con 33 éxitos de 39 introducciones. La paloma bravía le sigue los pasos, pero, como hemos visto, esta última tiene la ventaja de la selección artificial durante siglos como especie semidomesticada en palomares. El gorrión, originario de Oriente Medio, vive actualmente en todos los continentes excepto en la Antártida. En América, fue introducido en Brooklyn entre 1850 y 1853 y en Quebec en 1854. Hay que decir que el gorrión no solo es un excelente colonizador introducido, sino también un buen invasor natural. La agricultura se inventó en su región natal hace miles de años y éste se adaptó muy pronto a los cereales cultivados por el hombre y se especializó en este nicho, tras la expansión de las poblaciones agrícolas que, a lo largo de los milenios, colonizaron Europa. Un estudio genético que cubre gorriones de 17 países, desde Noruega hasta la India pasando por España, ha demostrado que todos estos individuos proceden de una misma población que se diferenció de sus antepasados hace entre tres mil y siete mil quinientos años. Los gorriones que se han introducido en todo el mundo son, por tanto, descendientes de gorriones que a su vez invadieron Europa tras los avances de los agricultores neolíticos. Solo una subespecie de *Passer domesticus*, el gorrión bactriano, no ha seguido los pasos de los agricultores; a diferencia de otros gorriones, estas aves no se interesan por los entornos humanos, emigran del mar Caspio a la India en invierno y tienen un pico adaptado a las semillas silvestres y no a los cereales modificados por la agricultura y es más pequeño y menos puntiagudo que el de los gorriones que conocemos.

Entre el medio centenar de innovaciones del gorrión común, la más espectacular se ha observado en Nueva Zelanda, país donde se introdujo con éxito. Todos estamos acostumbrados a ver gorriones alrededor de las mesas de los restaurantes, pero cuando esas mesas están en un espacio cerrado tras puertas correderas, el acceso puede ser un problema, aunque no lo es para los gorriones de la terminal de autobuses de Hamilton: en 1990, los biólogos estadounidenses Randall y Margaret Breitwisch vieron cómo los gorriones sobrevolaban el sensor de movimiento que abre las puertas de la terminal y entraban en el edificio para alimentarse cerca de las mesas. A veces utilizaban una segunda técnica: se posaban en el soporte del sensor e inclinaban la cabeza hasta situarse frente al sensor y así activar la apertura de las puertas. Posteriormente se registraron casos similares en otras ciudades neozelandesas como Auckland (en un centro comercial) y Dunedin (en dos supermercados). La explicación más sencilla es que estos gorriones aprendieron igual que lo haría una paloma o un ratón en un laboratorio de psicología: primero se sintieron atraídos por la pequeña luz del sensor y por casualidad vieron cómo se abría la puerta; luego, recompensados por las migas bajo las mesas, repitieron el gesto que había precedido a la recompensa sin comprender realmente la secuencia lógica de los acontecimientos. O simplemente como el gorrión que aprendió a entrar en la cafetería del aeropuerto de Nantes: ¿esperó primero junto a la puerta automática hasta que un humano la abrió? ¿Sucedió algo más complicado, como la comprensión de la relación causa-efecto entre el sensor y la apertura de la puerta? Es imposible saberlo sin experimentos controlados, que por desgracia no se han llevado a cabo. Y no, señor Sheldrake, los gorriones probablemente no captaron el "campo mórfico" de los clientes de la terminal de autobuses...

Los gorriones de Hamilton parecen especialmente interesados en la comida de las mesas de los restaurantes: reinventaron en Nueva Zelanda la innovación de los semilleros de Barbados que abrían sobres de azúcar. Para la tesis de su máster en la Universidad de Waikato, Michael Davy estudió los 174 cafés con terraza de Hamilton y descubrió que, de los 53 que ofrecían sobres de azúcar en la mesa y cuyo personal se prestó a ayudarle, el 28 % atraía a gorriones ladrones de sobres de azúcar. Las aves preferían el azúcar sin refinar y mostraban poco interés por los sobres de edulcorante, que solo saben a azúcar, pero no ofrecen la energía que aporta ésta. Davy también encontró otros 13 casos de gorriones que abrían sobre de azúcar por toda Nueva Zelanda. Al igual que la apertura de botellas de leche de los páridos en Inglaterra, la distribución geográfica de la innovación sugiere una combinación de inventos individuales independientes y transmisión social. En Hamilton, la mitad de las cafeterías afectadas se encuentran a unos centenares de metros del centro de la ciudad, mientras otros están a cientos de kilómetros. E igual que los páridos en invierno, pero a diferencia de los semilleros de Barbados, los gorriones son gregarios. Este gregarismo es una de las razones por las que aprenden tan rápido. En un estudio realizado en cautividad, los biólogos húngaros András Liker y Veronika Bókony descubrieron que los gorriones resuelven mucho más rápido un problema de eliminación de obstáculos cuando están en un grupo grande. Los gorriones capturados en una zona urbana son más rápidos que los de los pueblos aledaños, una ventaja de la urbanización que también ocurre en el semillero de Barbados.

Las aves no son los únicos animales que el hombre ha introducido en nuevos países. Daniel Sol evaluó el éxito de la introducción de un centenar de especies de mamíferos, comparando 343 éxitos y 103 fracasos. Como en el caso de las aves, las especies que sobrevivieron tienen cerebros más grandes que las que no lograron integrarse. Detectamos decisiones extrañas en los intentos de introducción: los cazadores que importan ciervos o los criadores que introducen visones y chinchillas son comprensibles, pero que en tres ocasiones se intentara introducir mofetas norteamericanas parece un poco extraño; afortunadamente, no tuvieron éxito. Aunque las mofetas importadas no sobrevivieron en libertad, en Inglaterra se puso de moda una variante domesticada, que podía resultar atractiva por su preciosa línea blanca en medio del lomo y su suave pelaje. Sin embargo, en 2006 la Ley de Bienestar Animal prohibió algo que facilitaba su coexistencia con los humanos: la extirpación de las glándulas que desprenden el encantador olor típico de su especie.

Entre los mamíferos con introducciones exitosas se encuentran los macacos, que, no lo olvidemos, figuran entre los primates más innovadores. Se han introducido seis especies de macacos en varios países asiáticos, desde China a Papúa Nueva Guinea, pasando por

Japón, Mauricio y las islas Palaos. Por desgracia, allí donde se encuentran, son un problema. Un estudio reciente estima que estas introducciones causaron un gran número de casos de extinción: en Mauricio, los monos desempeñaron un papel clave en la desaparición del dodo y de la paloma azul de Mauricio. En Barbados, los vervets verdes importados de África son un problema para la agricultura y después de ser introducidos en la isla en el siglo XVII por traficantes de esclavos, miles de ellos han tenido que ser capturados para reducir los daños que causan al medio ambiente. Un vervet verde incluso perturbó las celebraciones de Halloween en 2006 al subirse a un poste de alta tensión y electrocutarse en una línea de 24.000 voltios, lo que provocó un largo apagón.

Hemos visto antes que todos los gorriones comunes, a excepción de la subespecie del gorrión bactriano, descienden de antepasados que han seguido la expansión de la agricultura humana desde la revolución neolítica. Sin embargo, para ser una especie que hoy se encuentra en todo el mundo, el gorrión común presenta una asombrosa falta de diversidad genética. ¿Cómo consiguen los gorriones adaptarse a tantos entornos diferentes, desde las lluvias de Inglaterra a los inviernos de −30°C de Quebec y las sequías de 40°C de Australia? Estudios recientes demuestran que la falta de variación genética se compensa con otra propiedad del ADN: la variación epigenética. Vemos a continuación una explicación rápida: nuestros genes determinan una multitud de fenómenos, pero lo que cuenta es su expresión en un momento y no en otro. Con los páridos ya hemos visto que, al secuenciar el ARN producido en un momento dado en el cerebro, podemos hacernos una idea de los genes que acaban de expresarse. Esta expresión genética puede ser modificada por la experiencia, a menudo como consecuencia del estrés, mediante una acción química llamada "metilación": una molécula compuesta por un átomo de carbono y tres de hidrógeno se une a los nucleótidos que forman la secuencia de nuestro ADN y modifica su expresión, la mayoría de las veces bloqueándola. La metilación es, por tanto, como un interruptor ambiental que desactiva un gen heredado de nuestros antepasados y modifica el rasgo (el fenotipo) que normalmente debería estar influido por el gen (el genotipo); la palabra *epigenética* se refiere a efectos de este tipo, que no son lo mismo que una mutación.

Aún nos encontramos en un estadio inicial a la hora de comprender estos fenómenos, pero investigadores como Andrea Liebl y Lynn Martin creen que esta es una de las formas en que una especie invasora puede adaptarse a nuevas condiciones. Martin ha estudiado poblaciones invasoras de gorriones comunes en Colón (Panamá) y en ciudades del oeste de Kenia. En ambos casos, comparó las aves que ahora se encuentran en primera línea de la invasión con las que descienden de poblaciones establecidas desde hace tiempo: el noreste de Estados Unidos (recordemos que las aves fueron liberadas en Brooklyn en el siglo XIX) en el caso de los invasores de Colón, y el puerto de Mombasa, hacia 1950, en el caso de Kenia. En ambos casos, las aves capturadas en el frente de invasión reciente son más exploradoras y consumen más rápidamente nuevos alimentos que las descendientes de una colonización anterior. En Kenia, además, los invasores recientes presentan una mayor diversidad epigenética y una mejor respuesta de corticoesteroides al estrés, dos formas de adaptarse a la novedad de la invasión.

Lynn Martin también comparó el sistema inmunitario del gorrión común con el de un pariente mucho menos innovador e invasor, el gorrión molinero. Mientras que el 85 % de las introducciones de gorrión común en todo el mundo han tenido éxito, varios intentos con el gorrión molinero han fracasado o dado resultados decepcionantes. En Norteamérica, por ejemplo, los descendientes de los gorriones molineros liberados en 1870 en San Luis sobrevivieron, pero solo se dispersaron unas decenas de kilómetros en los cien años siguientes. La exposición a nuevos patógenos en su entorno de introducción pudo haber influido. Después de que Lynn Martin y su equipo inyectaran a los gorriones molineros diversas sustancias para desencadenar respuestas inmunitarias, las aves redujeron su metabolismo, sus niveles de actividad y su producción de huevos entre un 25 y un 40 %, pero los gorriones comunes no sufrieron ninguno de estos daños. Por tanto, el coste de una respuesta inmunitaria parece menor en una especie sujeta a una mayor variedad de patógenos como resultado de sus invasiones e innovaciones. El estrés también podría variar del mismo modo: los gorriones comunes tienen niveles más bajos de corticosteroides, las hormonas del estrés, que los gorriones molineros. Este tipo de variación en la gestión del estrés no solo se aplica a las especies de gorriones: Daniel Sol, con un equipo de colaboradores húngaros y franceses, ha demostrado que existe una relación general entre la respuesta al estrés y el tamaño del cerebro mediante un estudio de un centenar de especies. De hecho, cuanto mayor es el cerebro de un ave en relación con su cuerpo, menores son sus niveles de hormonas corticoides, especialmente en su producción máxima durante periodos de estrés intenso.

Gracias a estas adaptaciones inmunitarias, epigenéticas y hormonales podemos encontrar gorriones comunes por todo el planeta, pero también gracias a sus innovaciones alimentarias. En al menos ocho regiones del mundo, el gorrión se ha adaptado no solo a los humanos y sus cereales, sino también a sus vehículos: en Italia, Hungría, Alemania, Inglaterra, Zimbabue, Manitoba, Australia y Nueva Zelanda se han visto gorriones cogiendo insectos aplastados de parachoques, faros y radiadores de coches y autobuses. En la India y Manhattan, gorriones normalmente insectívoros o granívoros han empezado a devorar carne adherida a huesos de cordero y pollo. En Hungría, se ha observado a gorriones desgarrando crías de golondrina en tiras para alimentar a sus propias crías. Aún no se han visto gorriones vampiros o zombis comiendo sangre o sesos, pero no nos extrañaría que algún día lo puedan llegar a hacer...

De hecho, la familia *Passeridae*, que incluye a los gorriones, es única entre todas las demás familias de aves innovadoras: el 82 % de las innovaciones de la familia se concentran en una sola de sus 43 especies: el gorrión común. En las demás familias altamente innovadoras, algunas especies superan a las demás, pero no de forma tan radical. Por ejemplo, entre las rapaces diurnas y los córvidos, las especies más innovadoras son el pigargo americano y la corneja negra, respectivamente, pero cada una de ellas solo ha logrado entre el 8 y el 11 % del total de innovaciones de su familia. Además, en casi todos los casos, la innovación es una característica de la familia tanto como de la especie: si algunas especies son más innovadoras que otras, suele ser porque pertenecen a familias innovadoras.

Contrariamente a lo que vimos con los pinzones, no existe ningún antepasado flexible en la familia del gorrión que hubiera dado lugar a toda una progenie de especies innovadoras. Ni siquiera las familias cercanas a la *Passeridae* son muy innovadoras. Es como si solo hubiera habido una innovación fundadora en la familia *Passeridae*: la transición, hace unos miles de años, de una población de gorriones salvajes a la explotación de la agricultura humana. Tal vez sea otra de esas condiciones especiales, como un archipiélago con un régimen de lluvias extremo en el caso de los pinzones de Darwin o el reparto de leche a domicilio en el de los páridos, la que ha permitido a las aves estar en el lugar adecuado en el momento oportuno para innovar.

El estornino pinto y el mirlo común, otras especies exitosas en su introducción en países extranjeros, también son excelentes innovadores en sus respectivas familias, estúrnidos y túrdidos, pero no de forma tan abrumadora como el gorrión. Aunque el estornino lidera su familia, le siguen de cerca los minás, aves de procedencia asiática. Al igual que los semilleros y los carboneros comunes, los estorninos y los minás superan fácilmente en cautividad la prueba de eliminación de obstáculos. En la comparación realizada por Jean-Nicolas Audet entre una quincena de especies de paseriformes, los estorninos quedaron en un cercano segundo lugar. En Australia, el miná común, originario de la India y el sudeste asiático, está considerado una de las especies invasoras más dañinas. La australiana Andrea Griffin, antigua becaria postdoctoral en mi laboratorio de Barbados, comparó los minás invasores con una especie endémica australiana (*endémica* significa exclusiva de un país o región determinados) que se desenvuelve muy bien en zonas urbanas, el mielero chillón. Los minás dominaron las pruebas mucho más rápidamente que los mieleros chillones. Al igual que los gorriones que acabamos de ver, los minás invasores también son más innovadores que sus congéneres que no han abandonado su zona de origen: los individuos capturados en uno de los frentes de invasión de la especie en Israel consumen más rápidamente nuevos alimentos y son mejores en una prueba de eliminación de obstáculos que los individuos capturados en la India.

Entre los mirlos (de la familia de los túrdidos), las tendencias son las mismas que en la familia de los estúrnidos: la especie más invasora, el mirlo común, es también la que presenta el mayor número de innovaciones y la que rinde mejor en cautividad. El investigador húngaro Lajos Sasvári comparó mirlos comunes y zorzales comunes (una especie de mirlo que tiene tres veces menos innovaciones en estado salvaje que el mirlo común) en pruebas de aprendizaje individual y social. En ambos casos, el mirlo común fue el más rápido. La innovación más interesante del zorzal común es su depredación de caracoles: los conduce hasta piedras y las utiliza como un yunque para romper sus caparazones. Aunque no veamos a un tordo común rompiendo un caracol en directo, podemos deducir por los restos de caparazones que hay alrededor de estas piedras que ha sido obra suya. A veces los mirlos comunes también pueden romper caparazones con las piedras, pero normalmente les quitan a los zorzales comunes sus caracoles ya sin caparazón, a veces guiándose solo por el sonido del martilleo del zorzal contra las piedras. Todos los zorzales comunes, desde muy jóvenes y sin experiencia previa, parecen saber qué hacer con los caracoles: los zorzales comunes criados por humanos saben martillear y romper un caparazón de caracol la primera vez que ven uno a pesar de que sus "padres" humanos solo les hayan alimentado hasta ese momento con comida blanda que no podían martillear. Las crías son un poco torpes al principio y se vuelven más eficaces con el tiempo, pero la base de su comportamiento parece innata. Varias especies de aves se benefician indirectamente de este comportamiento: tras atacar a los caracoles, los zorzales comunes dejan fragmentos de caparazón alrededor de las piedras que han servido de yunque. Estos fragmentos aportan el calcio que las aves necesitan para fabricar las cáscaras de sus huevos: el equipo de Piotr Tryjanowski, en Polonia, ha demostrado que las hembras de varias especies, sobre todo gorriones, jilgueros y verderones, y algunos pardillos, acuden a picotear estos fragmentos durante el periodo previo al desove.

Otras innovaciones interesantes del mirlo común incluyen el caso de comer ("vorazmente", dice el observador) nieve empapada en la sangre de una tórtola que acababa de matar un gavilán, así como entrar en una madriguera de conejos en busca de invertebrados. En cuanto al zorzal americano, se le ha visto capturando peces en una pequeña cascada, en agujeros en el hielo de un río helado y en una granja de salmones de agua dulce.

Selección natural contra selección sexual

La flexibilidad alimentaria salvó a los jóvenes pinzones de Darwin observados por Rosemary y Peter Grant, así como a las aves introducidas en nuevos países estudiadas por Daniel Sol. ¿Existen otras situaciones en las que la innovación puede ofrecer una ventaja o incluso salvar a un animal de la muerte? ¿Es siempre en una situación extrema en la que quien no innova tiene la muerte asegurada? ¿O es en la vida cotidiana donde una mejor capacidad de aprendizaje le ofrecería una ventaja, por modesta que fuera, en actividades costosas como alimentar a una cría? ¿Y es solo la selección natural la que actúa sobre la inteligencia, salvando nuestra vida y la de nuestras crías, o también puede influir la selección sexual? En otras palabras, ¿es *sexy* la innovación?

Desde luego, la imagen tradicional del *empollón* no lo corrobora: el genio con gafas no sería el estereotipo de *pibón*, precisamente... Sin embargo, el psicólogo Geoffrey Miller publicó en 2000 un superventas, *The Mating Mind*, que propone que manifestaciones de la inteligencia como la creatividad, el dominio de técnicas complejas y el humor pueden haber desempeñado un papel en la elección de pareja en el curso de la evolución humana. En este sentido, es fácil imaginar que los inventores del fuego, las herramientas de piedra o la domesticación de plantas y animales tuvieran cierto éxito con el sexo opuesto y que tuvieran, como se dice en los cuentos de hadas, muchos hijos. Pero ¿se aplica esto también a los animales no humanos?

Un ejemplo típico de selección sexual en las aves es la cola del pavo real. Cuando un pavo real se sitúa delante de las hembras y hace vibrar los "ojos" de sus iridiscentes plumas de la cola, podemos entender por qué Darwin consideraba que la selección sexual era una fuerza evolutiva distinta de la selección natural: un pavo real en plena exhibición no es precisamente un maestro del camuflaje y puede ser fácilmente descubierto por mangostas, zorros, perros callejeros y otros animales al acecho. Y el pavo real, miembro de la poco innovadora familia de las gallináceas, tiene aproximadamente el mismo número de neuronas en su palio que un mirlo, que es 42 veces menor, por lo que es difícil creer que la inteligencia tenga algo que ver con su exhibición de apareamiento: todo lo que hace es pavonearse con la cola desplegada y mostrar sus 170 "ojos" a las hembras.

Sin embargo, hay otras aves que tienen un plumaje espectacular y también cerebros muy grandes. En este caso, la selección sexual puede haber desempeñado un papel clave.

Recordemos el gráfico que muestra los residuos cerebrales presentado en el capítulo sobre los semilleros y los pinzones de Darwin. Las aves lira y las aves del paraíso están en la misma liga que los loros y los córvidos en cuanto al tamaño del cerebro en relación con el tamaño del cuerpo: se encuentran en el 10 % superior. Al igual que los pavos reales, las aves lira y las aves del paraíso también exhiben la cola ante las hembras, pero además hacen imitaciones vocales y danzas mucho más complicadas que un simple pavoneo. En cautividad o en entornos donde hay mucha actividad humana, las aves lira imitan, entre otras cosas, motosierras, sierras de mano, chasquidos de las cámaras, alarmas de los coches y pistolas de juguete. Durante la cópula o si una hembra parece querer abandonar el lugar de cortejo, el macho imita las llamadas de alarma de otras especies, lo que animaría a la hembra a quedarse con él. Podríamos pensar que la selección sexual de estas formas extremas de vocalización evitaría que el pobre macho tuviese que producir también colores y danzas espectaculares, pero no es así, ya que la selección sexual puede llevar todos estos componentes a extremos muy complejos. Las hembras del ave del paraíso filamentosa, por ejemplo, exigen de sus machos: colores brillantes *y* bailes muy sofisticados *y* vocalizaciones variadas. Los machos del ave del paraíso de Estefanía lo tienen más fácil, ya que sus hembras solo exigen una exhibición muy sencilla en los tres registros.

Por el momento, solo podemos suponer que el gran tamaño del cerebro de las aves lira y las aves del paraíso tenga algo que ver con la complejidad de sus desfiles. En el caso de las danzas de los saltarines y de los jardines de los pergoleros, sabemos más sobre el papel del cerebro. La danza de cortejo de los saltarines es tan espectacular como la del ave del paraíso, y en algunos casos se asemeja al *moonwalk* de Michael Jackson. Aunque el cerebro de los saltarines no alcanza las mismas proporciones que el de las aves del paraíso y las aves lira, parece existir una selección sexual en función del tamaño: en una comparación de 12 especies de saltarines, la neurobióloga estadounicense Lainy Day demostró que cuanto más compleja era la danza de cortejo de una especie, mayor era su cerebro.

En el caso de los pergoleros, no se trata de una danza nupcial que los machos deben ejecutar para atraer a las hembras, sino de un diseño paisajístico: un dosel de ramitas curvadas con perspectiva, con la entrada decorada con frutas y flores de colores, las ramitas pintadas con una mezcla de bayas, saliva y carbón con un pincel de corteza... De hecho, una de las construcciones más complejas realizadas por aves son los lechos que construyen varias especies de pergoleros. El color favorito para los adornos del pergolero satinado es el azul y si añadiésemos un objeto rojo a la entrada del lecho, el ave lo quitaría. Si colocásemos, como hizo el biólogo estadounidense Jason Keagy, el objeto rojo bajo un obstáculo transparente, ya tendríamos el equivalente de la prueba estándar de resolución de problemas que hemos visto en otras especies. El resultado es que los machos más rápidos en la prueba de eliminación del obstáculo son los que tienen más éxito con las hembras, aunque éstas no vean en directo cómo eliminan el obstáculo y el objeto rojo. Una prueba similar con pergoleros moteados orientales no da resultados tan claros, pero en general, las especies que construyen jardines más complejos tienen cerebros más grandes (y un cerebelo más grande, crucial para el control motor) que las especies hermanas que no construyen jardines o que construyen jardines menos complejos.

El test de selección sexual más directo en función de la inteligencia también utiliza la prueba estándar de eliminación de obstáculos. Esta vez, sin embargo, el objetivo no es ver si una especie lo hace mejor que otra, sino más bien permitir que las hembras o los machos vean cómo lo hacen los individuos del otro sexo y luego determinar si su elección de pareja se ve afectada por lo que cada individuo ha visto. En otras palabras, ¿preferiría Lucía a Roberto antes que a Gonzalo si viera que Roberto lo hace mejor en un examen? Elegiría antes a un compañero inteligente, bien porque ha visto su ingenio con sus propios ojos, bien porque otro de sus rasgos, la calidad de su canto, por ejemplo, da una buena idea de sus otras habilidades. En los diamantes cebra, varios estudios apoyan esta última posibilidad: sin siquiera ver el rendimiento cognitivo de un macho, una hembra puede mostrar preferencia por los que lo hacen mejor simplemente oyendo su canto.

En cuanto a la observación directa de un compañero más inteligente, las pruebas experimentales son ambiguas: hay tantos estudios que apoyan esta idea como los que no muestran nada concluyente. Los resultados más positivos se han obtenido con periquitos comunes. En esta especie, la observación de un macho que supera una prueba de eliminación de obstáculos basta para influir en la preferencia de apareamiento de una hembra. Como en un *reality show*, a una hembra le presentaron dos machos y se observó cuál prefería; luego, delante de la hembra observadora, se sometió a los dos machos a una complicada prueba de eliminación de obstáculos. Esta prueba era demasiado difícil para que cualquiera de los dos la superara sin haber sido entrenado previamente. Por tanto, los investigadores entrenaron previamente al macho "rechazado" para asegurarse de que superaría la prueba, pero no entrenaron al macho que la hembra prefirió inicialmente. Tras comparar los resultados de los dos machos, las hembras cambiaron de opinión: posteriormente pasaron el doble de tiempo con el macho que había aprobado, mientras que antes de la prueba ocurría lo contrario. Los investigadores no entrevistaron a los perdedores del *reality show*, como ocurre en la pequeña pantalla, para saber cómo afrontaron su doble fracaso en la eliminación de obstáculos y con el sexo opuesto...

Uno de los aspectos más importantes del éxito reproductivo no es simplemente cortejar a una pareja, sino también garantizar su lealtad; de lo contrario, son los genes de otra persona los que estamos ayudando a transmitir a las siguientes generaciones. Cuando se descubrieron las huellas genéticas (en inglés, *DNA fingerprinting*) en los años 80, los investigadores del comportamiento animal aplicaron inmediatamente la técnica a las aves. Y se llevaron una sorpresa: especies que hasta entonces se habían considerado monógamas revelaron de repente un elevado número de crías cuyo "papá" en el nido *no* era el padre biológico. En el caso de los avestruces esta tasa llega al 50 %, lo que sugiere que algo ocurre a espaldas de "papá" mientras esconde la cabeza bajo tierra... ¿Existe una relación entre la cognición y la tasa de lo que llamamos "paternidad fuera de la pareja"? Un equipo chino dirigido por Yuting Liu estudió esta relación en 315 especies de aves y descubrió que cuanto mayor es el tamaño del cerebro en relación con el cuerpo del ave, *menor* es la tasa de paternidad fuera de la pareja. Liu y sus coautores creen que la relación se debe a que las crías de las especies con cerebros grandes tienen un periodo de desarrollo más largo en el huevo y en el nido y que es el cuidado que se presta a las crías lo que prima sobre las cópulas fuera de la pareja, que no implica cuidados parentales. En general, las especies que copulan con más frecuencia fuera de la pareja tienen cerebros más pequeños, un desarrollo más rápido de las crías y, como popularmente se dice "la función crea el órgano", testículos más grandes que les permiten producir más esperma.

Si la inteligencia puede valorarse en una pareja, ¿tiene un efecto directo en el número de crías que puede producir? De hecho, el éxito reproductivo es el criterio con el que medimos la selección. Dos equipos de investigación han estudiado esta cuestión en los páridos, a los que les gusta anidar en cajas proporcionadas por los investigadores en bosques abiertos, lo que facilita observar el destino de sus crías. En el bosque de Wytham, cerca de Oxford, Ella Cole, John Quinn y Julie Morand-Ferron midieron el éxito reproductor de los páridos cuya capacidad para resolver problemas había sido evaluada en cautividad mediante una variante de la clásica prueba de eliminación de obstáculos. En la isla sueca de Gotland, Laure Cauchard también midió el éxito reproductor de los páridos, pero en este caso el problema era más directo: el obstáculo era una puerta que bloqueaba el acceso de los pájaros jóvenes a la caja nido cuando los padres volvían de buscar comida en libertad; la puerta se abría cuando el pájaro tiraba con la pata de una cuerda colocada debajo. Tanto en Gotland como en Wytham Wood, los páridos tenían que tirar de un objeto para desbloquear el obstáculo. ¿Los padres que resuelven más fácilmente estos problemas tienen más descendencia? La respuesta es sí y no...

En Gotland, los padres que abrían rápidamente la puerta que bloqueaba su nido tuvieron efectivamente más crías que sobrevivieron hasta servolantones, pero el efecto solo se observó en uno de los dos años en los que se hizo seguimiento. A lo largo de los dos años, los progenitores que tuvieron más éxito abriendo el nido fueron también los que trajeron mayor cantidad de comida para las crías. Para controlar la posibilidad de que un padre con, por ejemplo, ocho polluelos reclamando comida pudiera estar más motivado para abrir su nido que un padre con solo tres, Laure Cauchard y su equipo añadieron dos polluelos a un tercio de los nidos, retiraron dos polluelos de otro tercio y simplemente intercambiaron dos polluelos en el tercio final; este control no tuvo efecto ni en la apertura de las puertas ni en la supervivencia de los polluelos hasta ser volantones. Es fácil que simpaticemos con alguno de los padres, que ya llevaban menos comida y más dificultades al abrir la puerta, cuando de repente se encontraron, de un modo probablemente inexplicable para ellos, con dos polluelos más que el día anterior....

Los resultados de Wytham Wood son igual de ambiguos: sí, los padres que obtienen mejores resultados en la prueba en cautividad tienen más polluelos, pero sobreviven *menos* porque es más probable que los *más aventajados* sean a menudo adultos jóvenes que abandonen a sus crías con más facilidad, sobre todo porque son capturados para su identificación cuando son muy jóvenes, lo que parece estresar más a los padres jóvenes que a los experimentados. Un tercer estudio realizado por Daniel Wetzel con gorriones en Kentucky presenta resultados inequívocos: en 2 de las 8 pruebas realizadas, pero no en las otras 6, los padres que llevan más comida al nido son los que superan más rápidamente la prueba de eliminación de obstáculos y los machos que superan más rápidamente la prueba, pero no las hembras, tienen más crías que sobreviven. En general, hay algo de verdad, pero hay que matizar que la capacidad de los padres para resolver problemas contribuye de forma espectacular y directa a la supervivencia de sus crías.

Innovar o desaparecer

La supervivencia en condiciones extremas, la capacidad de alimentar a más crías y la elección de parejas más inteligentes son, por tanto, tres situaciones en las que la inteligencia de un ave contaría con ventaja. Pero ¿puede la innovación ser útil contra el peligro de extinción? Estos peligros se multiplican en este periodo de convulsión medioambiental que llamamos Antropoceno, la era de la historia de la Tierra en la que la actividad humana ejerce mayor influencia sobre la naturaleza. Cada año, la Unión Internacional para la Conservación de la Naturaleza (UICN) publica su Lista Roja, un catálogo de especies amenazadas. La UICN también clasifica cada una de las 10.000 especies de aves en cinco categorías que van de "preocupación menor" a "en peligro crítico". ¿Podría ser que las aves innovadoras se encuentren con menos frecuencia en las categorías en las que la amenaza es más grave y más a menudo en la categoría de "preocupación menor"?

Esto es lo que comprobó el biólogo francés Simon Ducatez, antiguo estudiante de posdoctorado en mi laboratorio y ahora investigador en el Institut de Recherche pour le Développement de la Polinesia Francesa, comparando nuestros datos de innovación con las cifras de la UICN. Simon Ducatez constató que el riesgo disminuía con la tasa de innovación y que esta última se asociaba también a un aumento de las poblaciones de aves. El efecto protector de la innovación solo funciona en los casos en los que el peligro de extinción se debe a la destrucción del entorno natural de la especie por parte del ser humano. La innovación se suma a otro efecto que reduce el peligro de extinción, el generalismo: cuanto mayor es la diversidad de alimentos que consume y mayor es el número de hábitats en los que puede vivir, menor es su riesgo de extinción. Una especie a la vez especializada (recordemos el águila de Haast, especializada en la caza del dodo) y no innovadora corre el riesgo de unirse a los dinosaurios en el museo de las especies extinguidas, pero esta vez por nuestra culpa y no por el asteroide que provocó la muerte de los gigantes reptiles hace sesenta y seis millones de años. Aun así, es una buena noticia para los cientos de especies innovadoras: a pesar de todo el daño que estamos haciendo a su entorno, tienen la capacidad de resistencia necesaria para encontrar soluciones por sí mismas e incluso aprovechar las oportunidades que nuestras acciones, a menudo perjudiciales para otros, pueden ofrecerles.

Una de las familias más amenazadas es la de los cálaos: el 50 % de las 60 especies de cálaos figuran en la Lista Roja de aves amenazadas. Los cálaos son aves tropicales de África y Asia con largos picos parecidos a los del tucán. Su característica física más curiosa es el enorme casco en la parte superior del pico, que les da un aspecto carnavalesco y los ha convertido en la presa preferida para destinarse a elemento decorativo en ciertas culturas, lo que ha situado a varias especies en peligro de extinción. La deforestación también es un problema, ya que muchos cálaos dependen de los frutos que crecen en el bosque y también de las cavidades que encuentran en los árboles altos para construir sus nidos, que a menudo son víctimas de la tala. Durante el periodo de cuidado de los huevos y las crías, la hembra del cálao se encierra en una cavidad, protegida tras una rejilla de barro con solo una pequeña abertura para que el macho le traiga comida del exterior.

Los cálaos figuran entre las aves con mayor cerebro, tanto en términos absolutos como en relación con su tamaño corporal, en la misma liga que las aves lira, las aves del paraíso y los pergoleros. Dado el escaso esfuerzo de investigación que se les confiere, su tasa de innovación también es alta. Lo más interesante es que las especies de cálaos con mayor número de innovaciones en nuestra base de datos se encuentran en la categoría de "preocupación menor" según la UICN. Entre ellas se encuentran las siete especies del género *Tockus*, así como el cálao cariblanco, que normalmente es frugívoro, pero a veces ataca a palomas, lagartos, aves e incluso murciélagos en vuelo.

La innovación más encantadora es la de los cálaos grises indios en Indore (India), que han empezado a anidar en estructuras urbanas, incluido un agujero en la pared de un piso. Para alimentar a su familia, un macho ha empezado a frecuentar los comederos de residencias cercanas, a perseguir ardillas y a llevarse galletas, pan y, para colmo, dulces que dejan allí los humanos.

Si un cerebro grande va de la mano de un alto índice de innovación, ¿cómo es que tantas especies de cálaos están en peligro de extinción? Lo mismo ocurre con los loros: más del 40 % de las 399 especies del grupo están en peligro y 16 se han extinguido por completo. El problema es la combinación de las grandes dimensiones de cerebro y cuerpo. Recordemos el capítulo sobre los cerebros: cuanto mayor es una especie y cuanto mayor es su cerebro en relación con el cuerpo, más tardará en desarrollarse. Por ejemplo, un reyezuelo pesa 6 gramos, su cerebro pesa un tercio de gramo y sus crías abandonan el nido a las dos semanas. En el otro extremo, una cacatúa tiene un cerebro de 15 gramos en un cuerpo de 700 gramos y sus crías tardan diez semanas en abandonar el nido. Si a esto se añade un menor número de crías por nidada (2 o 3 en la cacatúa, 8 en el reyezuelo), se obtiene lo que los biólogos de poblaciones llaman una baja "tasa de reclutamiento": el tiempo entre dos generaciones es muy largo y una población de animales grandes con cerebros grandes tardará mucho tiempo en recuperarse en caso de dificultades. Otro ejemplo: una codorniz puede producir 200 huevos en un año y cada una de las 100 hembras nacidas de estos huevos puede empezar a poner alrededor de las nueve semanas de edad. Queda clarísimo que un guacamayo, que produce de 1 a 4 huevos al año y tarda entre tres y ocho años en alcanzar la madurez sexual, no es rival para una codorniz en términos de fertilidad. Si una catástrofe hace que la población caiga en picado, las codornices se recuperarán mucho más deprisa que los guacamayos. Ferran Sayol confirmó este efecto tras analizar 2.500 especies de aves: el riesgo de extinción es menor para las innovadoras, pero mayor para las especies con cerebros grandes debido al largo intervalo entre generaciones.

¿Y qué ocurre con los primates, unos de los animales más amenazados del mundo? Los tres grupos con mayor número de innovaciones —las familias *Cebidae* (capuchinos y otros simios del Nuevo Mundo), *Cercopithecidae* (macacos, babuinos, etc.) y *Hominoidea* (chimpancés, orangutanes, gorilas y gibones)— tienen mayores porcentajes de especies en peligro de extinción que los cálaos: 73 %, 85 % y 100 %, respectivamente. Así es, el 100 %. Las 27 especies de chimpancé, orangután, gorila y gibón están en peligro, muchas de ellas en estado crítico. En el caso de chimpancés, orangutanes y gorilas, que encabezan la base de datos de Simon Reader y Kevin Laland, las innovaciones no tienen ningún efecto protector. Al igual que los loros, estos simios son víctimas del largo intervalo entre generaciones provocado por el lento desarrollo de sus grandes cerebros en sus grandes cuerpos.

Los cébidos y cercopitécidos están ligeramente menos amenazados que los hominoideos. Como en el caso de los cálaos, las especies más innovadoras de estas dos familias son casi todas de preocupación menor: 18 de ellas presentan un total de 127 innovaciones. Varias especies se han convertido incluso en plagas, ya que viven cerca de los humanos y a veces atacan la agricultura: los cercopitecos de cola roja saquean las plantaciones de cacao en Uganda; los vervets verdes, los campos de mijo y sorgo en Etiopía y los árboles de guanábana en Barbados; los langures, la yaca en Bangladesh; los capuchinos, los campos de maíz en Brasil y las plantaciones de coco y palma aceitera en Costa Rica; los macacos cangrejeros, la papaya en Sumatra; los macacos rhesus, las plantaciones de piña en la India; los macacos de Berbería, la corteza de los cedros en Marruecos; los macacos japoneses, rábanos y repollos en Japón; los papiones oliva, boniatos en Nigeria; los papiones chacma, calabazas en Sudáfrica; y los monos ardilla, plátanos en Ecuador.

Como los cuervos y las gaviotas, estos simios rara vez son bienvenidos entre nosotros. Sin embargo, varias especies se las arreglan para encontrar su lugar en el Antropoceno, sobre todo porque es nuestra destrucción de sus zonas salvajes originales lo que les empuja a mezclarse con nosotros.

¿Una sola inteligencia o varias?

Hasta ahora, hemos tratado la inteligencia como si fuera una sola capacidad. Sin embargo, muchas personas, investigadores y no profesionales, creen que hay *varias* inteligencias, no solo una. En el campo de la inteligencia animal, estos investigadores creen que el cerebro funciona como un ordenador, con una serie de módulos especializados en distintas tareas. En el ordenador, tenemos módulos de tratamiento de textos, módulos de cálculo, módulos de gráficos, módulos de redes sociales, módulos de películas y vídeos y módulos de fotos. Estos módulos son independientes entre sí y podemos ejecutar varios de ellos al mismo tiempo sin que el archivo Excel nos envíe correos electrónicos o nos ponga el último éxito de Netflix (ojo, esto podría llegar algún día...).

En otoño e invierno, cuando ofrecemos semillas de girasol a las aves, vemos cómo los carboneros cabecinegros, los trepadores y los arrendajos van y vienen constantemente de los comederos. Estas aves no se tragan todas las semillas que recogen, sino que esconden una gran cantidad para consumirlas en el futuro. El psicólogo canadiense David Sherry lleva años preguntándose cómo recuerdan estas aves cada objeto escondido. ¿Dejan una marca visual u olfativa en cada escondite? ¿Utilizan el olor de las semillas enterradas para encontrarlas? Sherry se dio cuenta de que lo importante era el recuerdo de los puntos de referencia alrededor de cada escondite. En 1989 publicó dos descubrimientos que revolucionaron nuestra forma de entender la cognición animal. Los neuropsicólogos ya sabían desde hacía algunos años que las neuronas de una parte del cerebro llamada hipocampo (en los mamíferos, tiene la forma de un caballito de mar) desempeñan un papel en la memoria espacial. Junto con las ratas y los ratones, una de las pruebas más utilizadas es el laberinto acuático de Morris. Contrariamente a la leyenda de que a las ratas les gusta entrar en casa nadando por las tuberías del inodoro, en realidad estos animales intentan salir del agua lo antes posible cuando se les sumerge en una piscina de Morris, un recipiente cuya agua es opaca y esconde, en algún lugar bajo la superficie, una plataforma donde la rata puede refugiarse sin tener que nadar. En las paredes de la piscina se colocan formas que actúan de puntos de referencia para que cuando el roedor se vuelva a meter en la piscina pueda encontrar la plataforma que encontró la primera vez nadando al azar. Una rata normal aprende rápidamente la posición de estos puntos de referencia y se dirige inmediatamente a la plataforma salvavidas que encontró la última vez que nadó. Pero un roedor cuyo hipocampo ha sido interferido o cuyos receptores NMDA han sido bloqueados químicamente no puede recordar adónde ir.

David Sherry utilizó con los carboneros cabecinegros los protocolos establecidos por los neuropsicólogos para sus estudios con roedores, sin la piscina y con los escondites de comida. Para encontrar estos escondites, los carboneros experimentaron el mismo problema que los roedores con su plataforma submarina: ya no podían recordar dónde estaban después de que David Sherry y su equipo hubieran interferido en su hipocampo. Por casualidad, mientras comprobaba si sus lesiones en el cerebro de los carboneros estaban bien situadas, David Sherry se llevó una gran sorpresa: el hipocampo de los carboneros es muy diferente de lo que esperaba. Él y su equipo habían utilizado el atlas del canario como guía a la hora de efectuar las lesiones. Un atlas cerebral es una serie de mapas estandarizados que indican la posición tridimensional de las distintas estructuras cerebrales de una especie como guía para la cirugía; en aquel momento no existía nada parecido para los carboneros. David Sherry descubrió que el hipocampo de los carboneros cabecinegros es mucho mayor de lo que indicaba el atlas del canario.

A continuación, él y sus colegas examinaron otras especies de páridos, trepadores y arrendajos que escondían comida y las compararon con sus parientes que no lo hacían. Tanto en las 33 especies de aves americanas como en las 35 especies de aves europeas examinadas, el hipocampo de las que esconden es mayor que el de las que no lo hacen. David Sherry había descubierto un módulo de memoria espacial basado en un aumento del número de neuronas en una parte específica del cerebro. Para ilustrarlo con los páridos europeos: el carbonero común no esconde su comida, pero su primo el carbonero palustre sí. Para un peso corporal que es casi la mitad que el del carbonero común, el palustre tiene un hipocampo un 27 % mayor, a pesar de que todo su cerebro sea un 46 % más pequeño que el del carbonero común (el hipocampo es una estructura muy pequeña y normalmente solo representa el 2 % del cerebro; por lo tanto, se puede tener un hipocampo mayor en un cerebro más pequeño).

¿Innovar y recordar la comida son dos formas distintas de inteligencia? Parece que sí: las especies de páridos que no esconden comida son más innovadoras que las que sí lo hacen; entre ellas, el carbonero común y el herrerillo común, que no esconden, son dos veces más innovadores que nueve especies de páridos que sí lo hacen. Lo mismo ocurre con las pruebas de aprendizaje: cuando el húngaro Lajos Sasvári comparó carboneros palustres con carboneros comunes y herrerillos comunes en pruebas en cautividad, los carboneros palustres obtuvieron peores resultados que los demás. Así pues, parece que hay dos maneras bien distintas de reducir el riesgo de inanición en otoño e invierno: acumular reservas o inventar una nueva forma de alimentarse. Estos resultados confirman la noción de módulos e inteligencias plurales: la evolución ha producido diferentes especializaciones cognitivas en distintos animales. Por ejemplo, un cascanueces americano puede almacenar más de 33.000 piñones en 2.500 lotes distintos y recordarlos durante un año. No es el mismo tipo de inteligencia que la de un gorrión que abre puertas automáticas en una cafetería, pero no es una hazaña desdeñable.

En el capítulo anterior, nos preguntábamos si la innovación y la resolución de un problema de obstáculos podrían contribuir a la supervivencia y al éxito reproductivo (más parejas, más descendencia).

En el caso de los escondites de comida, los resultados no dejan lugar a dudas: olvidar dónde se ha escondido la comida puede suponer la muerte, especialmente en un gélido día de invierno. En los jóvenes carboneros montañeses, el rendimiento en una prueba de memoria espacial predice quién sobrevivirá a su primer invierno en las cumbres de Sierra Nevada y quién morirá. En Nueva Zelanda, los machos del ave conocido como "petirrojo" (que no lo es y que de hecho se llama "petroica del Norte") que obtienen mejores resultados en una prueba de memoria espacial tienen más crías que sobreviven y, al igual que los páridos de Gotland que hemos mencionado antes, traen más alimento al nido. Las hembras de carbonero montañés parecen ser conscientes de un efecto similar en sus machos: aquellas cuya pareja es un macho que rinde bien en la prueba de memoria espacial ponen nidadas más grandes y tienen más crías que sobreviven.

Otra situación que podría requerir una memoria espacial excepcional es la migración. Muchas aves vuelan miles de kilómetros dos veces al año entre sus zonas de cría y de invernada, lo que supone un inmenso desafío energético. Las brújulas magnética y estelar (la estrella polar indica el norte por la noche) son cruciales para la orientación norte-sur de estos viajes, pero esta información se complementa con mapas espaciales basados en puntos de referencia geográficos. Viajar entre dos regiones templadas o cálidas es sin duda muy costoso, pero permanecer en el mismo lugar cuando la temperatura desciende de 30°C en verano a −30°C en invierno y conseguir sobrevivir es quizá aún más exigente. En línea con esta idea, Daniel Sol descubrió que las especies residentes tienen cerebros más grandes que las aves migratorias; basándose en mi base de datos, también descubrió que los residentes ostentan más innovaciones y que éstas son más frecuentes en invierno, cuando el clima es más duro. Pero no todas las partes del cerebro de un migrante son más pequeñas: el hipocampo escapa a esta reducción. Otro estudio de David Sherry, en colaboración con colegas brasileños, ilustra claramente la importancia de los mapas espaciales: el andarríos maculado, que migra por etapas en el continente americano y se encuentra por tanto con muchos puntos de referencia geográfica, tiene un hipocampo más grande que su primo el correlimos semipalmeado, que migra de una sola vez sobre el océano, donde todo parece igual.

Parasitismo y memoria espacial

Unos años después de sus experimentos con los páridos, David Sherry hizo otro descubrimiento sobre la evolución de la memoria: las aves que parasitan los nidos de otras especies también tienen un módulo espacial muy desarrollado. En América, los tordos no cuidan ellos mismos de sus crías: ponen sus huevos en los nidos de otras especies y sus crías son criadas por estos otros progenitores, lo que supone una pérdida genética para los hospedadores, porque los jóvenes parásitos que les piden comida darán nietos a los tordos que los dejaron allí y no a los padres adoptivos. Por ello, la evolución ha tenido que armarlos con algunas defensas: pueden abandonar un nido si se dan cuenta de que un parásito ha puesto sus huevos en él o atacarlo si lo ven aterrizar cerca de su nido. Para el parásito, esto significa vigilar la posición y la fase reproductiva de un gran número de nidos y huéspedes: sería demasiado pronto poner huevos en un nido de reciente construcción y en el que los padres aún no han copulado y sería demasiado tarde poner huevos cuando los huéspedes ya tienen cuatro crías bien desarrolladas. Al igual que el mapa mental de los alimentos escondidos y los marcadores de migración, este mapa mental de los nidos que hay que visitar implica la memoria espacial y el hipocampo. Sin embargo, este mapa solo es útil para las hembras, porque son ellas las que ponen huevos en los nidos de las demás, hasta 40 en una temporada. Como era de esperar, las hembras de tordo tienen el hipocampo más grande que los machos y son mejores en las pruebas de memoria espacial. Sin embargo, este mayor hipocampo se encuentra en un cerebro pequeño: para un peso corporal similar, un tordo de cabeza marrón tiene un cerebro un 60 % más pequeño que el de un zanate caribeño, una especie emparentada.

El contraste entre los tordos y sus parientes zanates caribeños es aún más llamativo en términos de innovación y resolución de

problemas Durante su investigación de máster en mi laboratorio de Barbados, Sandra Webster demostró que los zanates resuelven la prueba de eliminación de obstáculos en libertad y en cautividad ocho veces más a menudo que los tordos. En la base de datos de innovaciones, los zanates cuentan con cinco veces más casos que los tordos utilizando un esfuerzo de búsqueda tres veces menor. Al igual que los páridos, los zanates se convierten a veces en depredadores de otras aves e incluso de murciélagos. La ornitóloga canadiense Anne Davidson vio cómo un zanate común mataba al menos a 39 individuos de cuatro especies de aves paseriformes, en particular chingolos gorjiblancos, en el centro de Toronto. El zanate observaba a sus presas desde la cornisa de un rascacielos y se abalanzó sobre ellas en un pequeño parque adyacente. El zanate asesino de Toronto incluso prefería sus víctimas a la comida que le ofrecía Anne Davidson: cuando ella cubría las presas muertas con carne de perrito caliente o hamburguesa, el zanate sacaba los cadáveres de debajo de la carne y se iba tranquilamente a terminar su comida a un sitio un poco más alejado.

Aparte de la depredación, la segunda innovación más común de los zanates, presente en al menos cinco de las seis especies existentes, es remojar alimentos secos en agua para ablandarlos, lo que incluye desde insectos hasta toda una serie de alimentos procedentes de los humanos como pan, pizza o patatas fritas. Lo más interesante son las croquetas de pienso seco para perro, un alimento mucho más rico en proteínas que el pan, que los zanates recogen de los cuencos de las casas y llevan a la fuente de agua más cercana. Para su doctorado en mi laboratorio de Barbados, Julie Morand-Ferron estudió en detalle este comportamiento en los zanates caribeños, que son aves gregarias. A menudo pensamos que la vida en grupo solo aporta ventajas al permitir que sus miembros dispongan de protección colectiva contra los depredadores y compartan información social sobre la comida. Estas ventajas existen, sí, pero la vida en grupo también abre la puerta a la explotación. Cuando un zanate moja un alimento, suele hacerlo dejándolo caer en la fuente de agua y perdiendo el control sobre él durante unos segundos, lo cual es suficiente para que se lo roben, como puede verse en la foto: el individuo de la izquierda acaba de ser robado por el que se ve saltando.

El robo, piratería o "cleptoparasitismo" (el término académico) es una especialidad de unas pocas especies como los rabihorcados y los págalos, que encuentran casi todo su alimento robándoselo a otros. Sin embargo, la mayoría de las especies piratas lo hacen de forma oportunista, cuando se les presenta una oportunidad fácil, como ocurre con los zanates caribeños. Lo más interesante es que la inmersión y la piratería en los zanates es uno de los mejores ejemplos en libertad de la teoría de juegos.

Los que hemos visto la película *Una mente maravillosa* (*A Beautiful Mind*), la biografía romántica del hombre que inventó esta teoría, el economista ganador del Premio Nobel de Economía John Nash, recordaremos que hay situaciones en las que los costes y los beneficios de distintas opciones dependen de lo que hagan los demás. Este es el caso del juego del inmersor/pirata: un zanate que se cruce con un grupo en el que todos están remojando comida encontrará fácilmente a alguien a quien robar; pero si todos empiezan a robar, no habrá más comida remojada que robar. En un mundo ideal, el número de inmersores y piratas se equilibraría en un punto en el que los beneficios de las dos estrategias fuesen iguales: en ese punto de equilibrio, un inmersor no podría mejorar convirtiéndose en pirata y viceversa. Julie Morand-Ferron realizó un experimento con zanates junto con el biólogo Luc-Alain Giral-Deau, experto quebequés en la teoría de juegos. Manipuló los costes y los beneficios de las dos estrategias haciendo más difícil la inmersión (había que pasar por encima de una barrera para llegar de la comida al agua) o la piratería (los zanates tenían acceso a un charco donde podían huir de los piratas). Los zanates hicieron exactamente lo que predecía la teoría: la cantidad de comida que tenía cada zanate disminuía con el número de piratas, que a su vez disminuía cuando se dificultaba la piratería (charco con distancia) y se facilitaba la inmersión (charco sin barrera). En todas las condiciones que se presentaron, la cantidad media de alimento obtenida por inmersión y por pirateo fue la misma.

Cucos e indicadores

Los tordos no son los parásitos de nidos más conocidos, sino más bien los cucos. De las cerca de 140 especies de cucúlidos, 59 son parásitos de nidos. Como en el caso de los tordos y los zanates, los cerebros de los cucos parásitos son más pequeños que los de los cerca de 80 cucos no parásitos. Encontramos varias explicaciones posibles al pequeño tamaño de sus cerebros: no tener que proporcionar cuidados parentales y, en la mitad de las especies parásitas, no tener una relación de pareja son dos factores que pueden disminuir la demanda cognitiva del cerebro. Si, además, un pequeño parásito tiene que desarrollarse rápidamente para ser el primero en salir del huevo y mendigar a sus hospedadores antes que sus vecinos de nido, esto le acorta la neurogénesis en el cerebro: en todas las aves, cuanto menor sea el tiempo de desarrollo de una cría, menor será el tamaño de su cerebro cuando alcance la edad adulta, como hemos visto con reyezuelos y cacatúas.

Aunque los cucos parásitos tienen cerebros más pequeños que los cucos que crían a sus propias crías, también ostentan menos innovaciones, igual que los tordos tienen menos innovaciones que sus primos los zanates. Y de todos los cucos no parásitos, los aficionados a los dibujos animados no se sorprenderán al saber que el gran correcaminos, el famoso *Bip bip*, es la especie más innovadora. Cierto es que no, ninguna de sus innovaciones implica que un coyote caiga por un cañón con un yunque Acme en la cabeza, pero hay algunos casos sorprendentes. Antes exponíamos los riesgos que corren los observadores de aves de que les arrebaten sus capturas en las redes japonesas. Los correcaminos pueden ser uno de estos ladrones: en Oklahoma y Arizona, se ha observado cómo correcaminos han devorado cardenales, juncos y jilgueros de los pinos atrapados en trampas o redes y, tras tener acceso a esta presa fácil, le cogen gusto y vuelven a hacerlo. La ornitóloga estadounidense Sally Hoyt Spofford llega a compararlos con gatos, perros, rapaces y otros depredadores que hay que vigilar alrededor de las redes.

Esta misma ornitóloga presenció el caso más espectacular de depredación por parte de un correcaminos: posada en un tejado sobre un comedero de colibríes, el ave saltó y atrapó a un colibrí en pleno vuelo. Unos meses después, el correcaminos volvió a hacerlo, saltando desde el suelo a otros comederos para atrapar más colibríes. Un colibrí es solo un bocado para un correcaminos, por lo que a veces cazan presas mucho mayores. En tales casos, las golpea contra el suelo para matarlas y ablandarlas. La presa más grande registrada hasta la fecha es un joven conejo de desierto, que debía pesar lo mismo o más que el ave, por lo que el correcaminos tuvo que golpearlo contra el suelo varias docenas de veces para acabar matándolo.

Después de los correcaminos, los cucúlidos más innovadores son el garrapatero aní y el pirincho, dos especies que tampoco son parásitas. El biólogo brasileño Ivan Sazima, uno de los observadores más activos especializado en innovación en ese país, vio cómo un pirincho robaba comida de un plato en la terraza de un restaurante, igual que haría un semillero en Barbados o un gorrión en América o en Nueva Zelanda. El pirincho se comía la carne robada o se la llevaba a un pirincho joven que esperaba en el suelo. En su nota titulada "Churrasco gourmet", Sazima señala incluso que el pirincho escogía de la carne sobrante el bocado más preciado de los brasileños, la picaña, un corte de vacuno de la parte de la cadera que se cocina en su grasa.

A pesar de su pequeño cerebro y sus modestos resultados en lo referente a su capacidad de innovación y resolución de problemas, hay un área en la que los parásitos de nidos salen muy bien parados: la resistencia a la extinción. Utilizando una vez más los datos de la UICN, Simon Ducatez ha demostrado que los parásitos de nidos tienen un menor riesgo de extinción que los no parásitos y cuanto más diversa es la gama de huéspedes en cuyos nidos ponen sus huevos, menor es el riesgo que corren. Si se puede parasitar a más de 300 especies, como hace el tordo cabecipardo, se minimiza el riesgo de que alguna de estas especies se encuentre en una situación crítica. Este podría ser un claro ejemplo del proverbio "no pongas todos los huevos en la misma cesta".

Aunque la mayoría de los parásitos de nidos no parecen brillar por su inteligencia, hay uno que tiene un comportamiento alimentario espectacular: el indicador. En África, estos parientes de los pájaros carpinteros mantienen una relación simbiótica con los humanos y, como su nombre indica, les indican dónde están las colmenas de abejas silvestres; su nombre inglés *honeyguide*, se refiere aún más directamente a su papel de guías de la miel. Para ello, revolotean y vocalizan de una forma característica delante de un humano, atrayéndolo poco a poco hacia la colmena, situada normalmente en el hueco del tronco de un árbol. Una vez allí, el humano ahúma a las abejas para que resulten inofensivas y se lleva los panales de la colmena, dejando parte de su botín para el ave. Este extraordinario comportamiento ha sido registrado por los occidentales desde el siglo XVII, pero los africanos lo conocen desde tiempos inmemoriales y han desarrollado señales, que difieren de una cultura a otra, para atraer a los indicadores cuando quieren encontrar una colmena de abejas. En el Área de Conservación de Ngorongoro, en Tanzania, las investigaciones de Eliupendo Alaitetei Laltaika han demostrado que las abejas utilizan hasta siete tipos distintos de señales, desde palabras hasta trinos y silbidos. Así que, en algunos casos, podríamos decir que los indicadores deben ser multilingües para entender a sus congéneres.

En cuanto a etología, el investigador universitario se encuentra a menudo sobre el terreno con personas que han convivido durante mucho tiempo con los animales objeto de su estudio. La gente compartirá lo que sabe sobre el animal y el etólogo tendrá que decidir si este conocimiento tradicional es coherente con lo que el método científico le permite verificar empíricamente. Cuando trabajaba con las palomas en Milton Park, un transeúnte me aseguró que cada bandada de palomas tiene un líder que todas las mañanas dice a las demás dónde pueden encontrar comida ese día: no muy plausible científicamente, pero aun así mejor que la resonancia mórfica... La cuestión no es creer o no las teorías de los no profesionales, sino comparar el conocimiento tradicional con el método científico. Esto es lo que el keniano H. A. Isack hizo con los indicadores. Isack, procedente él mismo de la etnia borana que utiliza indicadores para obtener miel silvestre, registraba sistemáticamente lo que decían sus informantes boranos y luego comparaba sus declaraciones con datos cuantitativos sobre las aves. Cuando un indicador entra en contacto por primera vez con el ser humano, al que llama para que le siga, suele posarse en una rama bastante alta, pasa más de un minuto revoloteando y vocalizando hacia él y luego vuela unos cincuenta metros en dirección a la colmena para volver a llamarlo, posado en otra rama. Los boranos dicen que saben cuándo están cerca de la colmena porque el indicador se posa cada vez más bajo en los árboles, acorta la duración de sus llamadas y realiza etapas de vuelo cada vez más cortas de un punto de llamada al siguiente. Al medir todos estos datos con gran precisión, Isack confirmó las afirmaciones de los boranos: conocen muy bien a sus aves. Este conocimiento es muy valioso; se ha calculado que los hadzas de Tanzania tienen entre cinco y seis veces más probabilidades de encontrar colmenas silvestres siguiendo indicadores que buscando por su cuenta.

El entendimiento simbiótico que los africanos mantienen con sus indicadores es notable, pero puede estar condenado al fracaso, como la apertura de botellas de leche por parte de los páridos. La recolección de miel silvestre cada vez es menos importante para el estilo de vida en estas partes de África a medida que se multiplican las fuentes comerciales de azúcar. Es probable que este extraordinario comportamiento desaparezca, pero, en cualquier caso, las colmenas son ya una fuente menor de alimento de todos los indicadores. Hay 17 especies en la familia *Indicatoridae* y solo 2 de ellas han desarrollado una relación simbiótica con los humanos y no es miel lo que estas especies buscan en una colmena, sino cera: los indicadores son las únicas aves que tienen especializaciones digestivas (ciertas enzimas, tránsitos lentos) que les permiten extraer la poca energía alimentaria que contiene la cera.

Como comportamiento alimentario es ciertamente espectacular: complejo, flexible, atento a las interacciones con el hombre. Sin embargo, en términos de reproducción, los indicadores son, como los cucos y los tordos: parásitos de nidos. Además, el comportamiento del pequeño indicador cuando eclosiona es digno de una película de terror: su pico tiene una protuberancia parecida a un diente y en cuanto sale de su cascarón, antes que sus hermanos y hermanas adoptivos porque también se desarrolla deprisa, los mata perforando sus huevos. Como el tordo, ¿tiene el indicador un cerebro pequeño pero un hipocampo grande? O, como muchas especies con hábitos alimentarios inteligentes, ¿tiene un cerebro grande? Podemos ofrecer dos pistas más: la cera de abeja que consumen los indicadores es baja en nutrientes, por lo que no es muy adecuada para alimentar un órgano devorador de energía como el cerebro y los mapas espaciales necesarios para memorizar la posición de las colmenas podrían aumentar las exigencias de memoria requeridas para el parasitismo de nidos. Así que, sí, un indicador es como un tordo: tiene un cerebro pequeño (como se muestra en el gráfico de la sección sobre cerebros), pero en su interior hay un gran hipocampo.

Este pequeño cerebro es aún más sorprendente si tenemos en cuenta que los indicadores son parientes más cercanos de los pájaros carpinteros, cuyos cerebros se encuentran entre los mayores de todas las aves. La familia de los pájaros carpinteros también cuenta con más de 100 casos en la base de datos de innovaciones. Muchos de estos casos involucran herramientas en forma de mordazas o yunques que se utilizan para martillear a las presas con mayor eficacia. En algunas especies, el martilleo sirve para enterrar nueces en el fondo de cavidades para hacer reservas. Aprovecharse del trabajo de otros también es una innovación común entre los pájaros carpinteros. El pico de un pájaro carpintero es sin duda lo bastante fuerte como para perforar agujeros en muchos árboles, pero cuando el trabajo lo realiza un oso o una motosierra da acceso a insectos o savia que de otro modo no alcanzaría. De este modo, los carpinteros escapularios de Colorado se aprovechan de los osos que destrozan troncos podridos en busca de insectos, los chupasavias norteños de New Hampshire buscan savia en los árboles dañados por quitanieves o talados en el marco de un programa de gestión forestal y los picos tridáctilos de Suecia vuelan rápidamente hacia un incendio controlado para aprovechar la mayor cantidad de savia causada por el fuego. En Dinamarca, los picos picapinos son una de las especies, junto con los famosos páridos, que perforan las tapas de las botellas de leche. El catálogo de innovaciones de los pájaros carpinteros se termina con la depredación de lagartijas, roedores, murciélagos e incluso una cría de víbora saliendo del cadáver de su madre. Uno de estos casos de depredación es bastante espeluznante: el ornitólogo estadounidense Harold Greeney filmó en Arizona a un carpintero del Gila martilleando el cráneo de crías de paloma como si lo hiciera en un árbol y luego se alimentó de sus cerebros...

Los tucanes, cuyo cerebro se parece más al de los pájaros carpinteros que al de los indicadores, son otros de los parientes de los indicadores. La innovación más espectacular de este grupo la observó Dante Gabriel Moresco en un tucán toco del Parque Nacional de Iguazú (Argentina): en cinco ocasiones, Moresco observó cómo el ave cogía una flor, la sujetaba con la pata, se acercaba a una mariposa que estaban libando cerca de él y luego se tragaba la mariposa. Cada vez, el tucán se desplazaba para devorar a su presa, luego cogía una nueva flor y volvía al lugar donde libaban las mariposas. Sin duda, esta técnica resulta más delicada que la escena que Harold Greeney filmó con el carpintero de Gila...

¿Existe una inteligencia general?

Es innegable que ciertas formas de memoria están reservadas a un solo tipo de problema y han evolucionado como parte de estilos de vida muy específicos: parásitos de nidos, aves migratorias, recolectores de alimentos... Esta memoria no parece estar disponible para otra cosa que no sea la navegación espacial y parece estar controlada por una pequeña parte del cerebro, el hipocampo. Los investigadores llaman "módulos" a estas facetas de la inteligencia que solo hacen una cosa y no parecen estar implicadas en la inteligencia más fluida y general que nos permite resolver nuevos problemas en distintas áreas. En las aves, el módulo mejor estudiado es el del canto. Desde hace tiempo se sabe que hay dos tipos de vocalizaciones en las aves: las innatas, como el arrullo de una paloma o el cacareo de una gallina, y las que hay que aprender, como los cantos de los paseriformes y las llamadas de los loros. Estas vocalizaciones aprendidas están controladas por una serie de pequeños núcleos en el cerebro, el más importante de los cuales en los paseriformes es el HVC. Cuanto mayor es el repertorio de cantos de una especie, mayor es su HVC: el chingolo gorjiblanco solo tiene un canto, mientras que el sinsonte norteño tiene cientos. Lo mismo ocurre dentro de una misma especie: entre los chingolos cantores, cuanto más complejo es el repertorio de un individuo (por ejemplo, si tiene 13 canciones en lugar de 5), mayor es su HVC. El neurobiólogo argentino Fernando Nottebohm descubrió el papel del HVC en la década de 1970. Normalmente, una abreviatura anatómica se compone por varias palabras en latín que identifican oficialmente la estructura: recordemos que NCL significa nidopalio caudolateral; HVC, sin embargo, es la abreviatura de *High Vocal Center* y no un complicado término latino. Pero ¿por qué? Por un error en la localización inicial del núcleo. En el momento de su descubrimiento, HVC significaba *Hyperstriatum Ventrale pars Caudalis*, pero más tarde se supo que el núcleo se encontraba en realidad en el nidopalio, por lo que las letras H y V de HVC eran erróneas (la parte del palio que antes se llamaba *Hyperstriatum Ventrale* corresponde ahora al mesopalio). Entonces ¿qué debían hacer los neurocientíficos que renombraron las partes del cerebro de las aves alrededor del año 2000? ¿Sustituir H y V por una sola N, aunque esto creara confusión puesto que otra zona ya llevaba la abreviatura NC? ¿Mantener la abreviatura que hizo famosa el no menos famoso Fernando Nottebohm? Esto es lo que decidió hacer el grupo de neurocientíficos, aunque ello supusiera inventar un término no latino solo para esta parte del cerebro.

Volviendo a la inteligencia, ¿son modulares todas las formas de inteligencia, incluso la que controla la innovación? Muchos investigadores piensan que sí. Hay sin embargo una diferencia fundamental entre la innovación y la memoria para el canto, los escondites de alimento o los nidos para los parásitos. La selección de estas habilidades, ya sea natural o sexual, se produce en la misma situación una y otra vez: recordar siempre dónde está escondida la comida si eres un trepador, recordar siempre cientos de cantos si eres un sinsonte norteño o recordar siempre la posición de los nidos y el estado reproductivo de los huéspedes si eres un tordo. Cada vez el problema es el mismo y la solución también. Pero la innovación requiere una solución nueva cada vez. Recordar la decimoquinta semilla de girasol requiere más o menos la misma habilidad que recordar la séptima. Por definición, cada innovación es diferente. ¿Cómo evoluciona una inteligencia que puede crear una novedad en situaciones que no son distintas a otras? ¿Debería la novedad depender de un módulo especializado o puede lograrse la innovación recurriendo a inteligencia no especializada aplicable a toda una serie de problemas, incluidos los nuevos? En caso afirmativo, ¿podemos seguir llamando módulo a este comodín que por definición se limita a tareas concretas? Los psicólogos han dado a este "comodín" el nombre de inteligencia general, abreviada con la letra "g".

¿Cómo diferenciar la inteligencia general de los módulos especializados que pueden variar de una especie a otra? Basta con someter a individuos de distintas especies a una serie de pruebas y comprobar si la especie que obtiene mejores resultados en una prueba también lo hace en las demás. Si algunos destacan en una sola prueba (por ejemplo, un carbonero palustre en una prueba de memoria espacial), hay muchas probabilidades de que se trate de un módulo. Si, por el contrario, las mismas especies sobresalen y las mismas lo hacen mal en muchas pruebas, se trata de un signo de inteligencia general.

La investigación más rigurosa sobre esta cuestión la llevaron a cabo Simon Reader y Kevin Laland en primates. Además del índice de innovación, Reader y Laland también estudiaron, en 62 especies, casos de uso de herramientas y transmisión social del comportamiento, así como casos de extracción de alimentos ocultos sin herramientas. También observaron casos de manipulación social, también conocida como "inteligencia maquiavélica".

Los monos araña de Costa Rica servirían de gran ejemplo: cuando un individuo descubre un árbol con fruta madura, llama a los miembros de su grupo si es de alto rango (no le robarán la comida), si el árbol contiene mucha fruta (por lo que no habrá mucha competencia) y si está solo (por lo que es vulnerable a los depredadores); sin embargo, no llama al grupo si éste es lo bastante numeroso como para ver su parte del pastel reducido. Por tanto, sus llamadas tienen un aspecto táctico y flexible.

Reader y Laland se preguntaron si una especie que innova es también una especie que utiliza herramientas, busca comida escondida, aprende socialmente y manipula a los demás. Integraron todas estas cuestiones en el mismo tipo de análisis que los psicólogos hacen con las subpruebas de un test de inteligencia. Si las especies de primates tienen una clasificación más o menos similar según las diferentes medidas, estos análisis deberían revelar un factor común significativo, correspondiente a *g*. Si, por el contrario, algunas habilidades son modulares e independientes entre sí, como parece ser el caso de la innovación y el ocultamiento de comida en el caso de los carboneros comunes y los herrerillos palustres, diferentes especies deberían destacar en diferentes medidas. En el análisis de Reader y Laland, destacó el factor general *g*: casi el 50 % de la variación entre especies en las cinco medidas de cognición se debe al mismo factor de inteligencia general. Por tanto, un chimpancé supera a un macaco en todas las medidas, del mismo modo que el macaco supera al tití en todas.

Lo sorprendente es que dos de estas medidas son sociales (la manipulación y el aprendizaje observacional) y otras dos son individuales (el uso de herramientas y la búsqueda de comida escondida). Durante décadas, una teoría sostuvo que la inteligencia social era distinta de la inteligencia aplicada al entorno físico y que la complejidad de las relaciones dentro de un grupo era el elemento dominante en la evolución de la cognición. Según este punto de vista, un primate social tenía un módulo de inteligencia social que no le ayudaba cuando tenía que encontrar comida nueva lejos de los demás. Su módulo social solo servía para comprender la red de dominación y alianzas de su grupo y memorizar la identidad de cada individuo. La idea dio lugar incluso a un concepto popular, aunque discutido por varios investigadores: el "número de Dunbar", llamado así por el científico que lo impulsó, Robin Dunbar. Describe el número máximo de relaciones sociales que puede almacenar un córtex de primate de un tamaño determinado; en los humanos, se estiman 150.

Los resultados de Reader y Laland no apoyan este punto de vista: tanto las manifestaciones sociales de la inteligencia en libertad como las no sociales están unidas bajo un mismo factor *g*. Lo mismo puede aplicarse a estudios sobre primates en cautividad. Los antropólogos Rob Deaner y Carel van Schaik recopilaron todos los resultados de estudios realizados en cautividad con pruebas psicológicas típicas. Su metaanálisis de las pruebas realizadas en cautividad arroja el mismo resultado que el estudio de Reader y La-land sobre las observaciones en libertad: una especie que es buena en una prueba determinada suele ser buena en las demás. Como hemos visto antes, todos los grandes simios, ya sean chimpancés, bonobos, orangutanes o gorilas, dominan estos análisis, los maca-cos, babuinos y capuchinos los siguen de cerca y los titíes quedan muy a la cola de todos.

Cuando observamos el árbol filogenético de los primates, vemos que las especies inteligentes están en ramas separadas, lo cual es importante, ya que, si todos los primates inteligentes son parientes cercanos, significa que fue un antepasado común el que desarrolló esta inteligencia, que luego se transmitió a todas las especies des-cendientes. Si, por el contrario, la inteligencia se encuentra en varias ramas distantes del árbol, significa que evolucionó varias veces de forma independiente. Los chimpancés, los orangutanes y los gorilas, que constituyen lo que llamamos los grandes simios, se encuentran en ramas vecinas del árbol genealógico de los primates. La treintena de especies de macacos y babuinos también forman un grupo de ramas vecinas, pero lejos del grupo de los grandes simios: el último antepasado común de todos estos primates vivió hace veinticinco millones de años.

El tercer grupo de primates inteligentes se encuentra más abajo aún en el árbol de la vida que nosotros y los chimpancés: los monos del Nuevo Mundo se separaron hace treinta y cinco millones de años del linaje de nuestros antepasados, el de los monos del Viejo Mundo. Los capuchinos son las estrellas de este grupo: presentan niveles de innovación y uso de herramientas que antes se creían exclusivos de los chimpancés. Al menos 9 especies de capuchinos utilizan diversas herramientas: hojas que usan como esponjas para recoger agua, piedras que usan como palas para desenterrar tubér-culos o como martillos y yunques para cascar nueces, cangrejos y semillas, conchas que usan para abrir ostras, e incluso ramitas (des-pojadas de hojas y tallos, o sea, modificadas) que usan para atrapar termitas o miel.

Las pruebas de inteligencia general en las aves son menos evi-dentes. Las aves más innovadoras en libertad son, por término medio, las que utilizan más herramientas y obtienen mejores resultados en las pruebas de inteligencia en cautividad. En estos tres aspectos, los córvidos dominan claramente, pero carecemos de análisis tan amplios y bien controlados como los de Reader y Laland y Deaner y van Schaik. Cuando comparamos una serie de medidas de cognición en varias especies o individuos de la misma especie, a veces se obtienen resultados similares en todas las pruebas, como predice *g*. Sin embargo, también se obtienen resultados divergentes. Por ejemplo, Marine Battesti descubrió que las zenaidas de Barbados superan a los zanates caribeños en una prueba de aprendizaje inverso (aprender hoy lo contrario de lo aprendido ayer), pero no rinden demasiado cuando se trata de eliminar obstáculos. Lo mismo ocurre con los semilleros: no hay diferencia cuando se trata de errores de aprendizaje inverso, pero sí una diferencia enorme cuando se trata de problemas de eliminación de obstáculos.

Más allá de estas incertidumbres, los investigadores británicos Christopher Bird y Nathan Emery proporcionaron un argumento sin precedentes, unido a observaciones espectaculares, a favor de la existencia de *g* en los córvidos: llevaron al laboratorio a un córvido, la graja, que nunca utiliza herramientas en estado salvaje, y le plantearon una serie de problemas en los que las herramientas proporcionaban la única solución posible. Las grajas superaron todas las pruebas de forma espontánea, flexible e inteligente, independientemente de que las herramientas fueran guijarros, palos o ganchos. Las aves modificaron herramientas que no les resultaban útiles según sus necesidades (ramas a las que había que quitarle ramitas para poder utilizarlas como palo) y utilizaron espontáneamente una secuencia de metaherramientas (una herramienta utilizada para buscar otra herramienta utilizada para buscar comida). La única explicación posible de estas habilidades extraordinarias es que la graja posee una inteligencia general que puede aplicar a problemas que no encuentra en su entorno natural. Por tanto, *g* sería lo que le permitiría innovar, porque un módulo solo sirve para lo que está destinado; por ejemplo, que un tordo recuerde qué nidos puede parasitar no le ayuda a inventar una nueva técnica para encontrar comida.

G y política

La noción de inteligencia general sigue siendo controvertida, aunque varios estudios han arrojado resultados a su favor. Una de las razones de esta controversia es política: si *g* es lo que marca la diferencia entre el rendimiento cognitivo de un cuervo y el de una gallina, o el de un chimpancé y el de un tití, la diferencia debe ser genética, o sea, que ningún curso intensivo convertiría a una gallina en cuervo o a un tití en chimpancé. Y si la *g* también existe en los humanos y se asocia a diferencias de rendimiento entre categorías de personas, algunos creen que éstas deben ser, como en otros animales, de origen evolutivo. Como se trata de inteligencia general, no hay módulos que hagan que una categoría humana sea mejor que otra en un área concreta. En otras palabras, según estas personas, solo existiría una escala común de inteligencia, influida por la evolución, que determina todos los contrastes en el rendimiento entre los humanos.

Para quienes creen en las diferencias genéticas entre sexos, razas o clases sociales, es obvio ver adónde puede llevar esta lógica: se convierte en un instrumento para justificar "científicamente" las desigualdades. Cada diez años, a alguien se le ocurre que los hombres, los blancos y los ricos deben su posición social dominante a su superioridad intelectual general que, según ellos, está asociada a la calidad de sus cerebros, es decir, a una ventaja biológica y no cultural. Algunos sitios web racistas presentan gráficos que muestran que el 99 % de las diferencias de CI entre "razas" se explican por diferencias en el tamaño del cerebro. Adivinemos qué "raza" se supone que tiene un cerebro más pequeño y un CI más bajo... Sin embargo, en cuanto a la "raza" considerada la mejor en la actualidad hay un pequeño problema histórico: a principios del siglo XX, los racistas retrataban a los chinos como "inferiores", con —según escribían entonces— un "poder de control sobre el cerebro menos desarrollado" y "torpeza intelectual". Pero... ¡oh, sorpresa!, los asiáticos orientales superan ahora a los "blancos" tanto en coeficiente intelectual como en tamaño cerebral. Así que hubo que inventar una teoría para "explicar" estos asombrosos cambios que, según se afirma, son "evolutivos". Philippe Rushton, catedrático de psicología de la Universidad de Western Ontario, tenía su propia teoría: cuanto más lejos emigrara una "raza" de África, la tierra de origen de todos, más selección positiva habría sufrido su inteligencia. Así pues, si los japoneses fueron más lejos que los europeos, que fueron más lejos que los africanos, esto lo explicaría, según Rushton... Y aunque los aborígenes australianos, los inuit groenlandeses y los selk'nams de la Tierra del Fuego fueron aún más lejos que los japoneses, el profesor Rushton los hubiera clasificado con total probabilidad de inferiores de todos modos...

Seamos claros: ningún estudio riguroso nos permite categorizar a los humanos mediante las diferencias que hemos descrito entre especies de aves o primates no humanos y no es necesario utilizar argumentos políticos o morales para rebatir estas teorías. Los investigadores que promueven estas ideas citarán algunos estudios según los cuales el 40 % de la variación entre individuos (no todos insisten en el 99 % ..) del CI está relacionado con el tamaño del cerebro, pero el metaanálisis más completo (una visión cuantitativa exhaustiva y crítica de todos los datos sobre un tema), que calcula el efecto global hallado en 88 estudios que suman más de 8.000 sujetos, sitúa la cifra entre el 4 y el 6 %, aunque señala que probablemente existen estudios que arrojan cifras inferiores que nunca se han publicado. Cuando trabajamos con aves o primates no humanos, tenemos en cuenta 13 posibles fuentes de sesgo y 12 variables de confusión que podrían explicar la correlación cerebro/innovación (una variable de confusión es un factor distinto a los que son objeto de la correlación, que explica la aparente relación entre ambos; por ejemplo, el número mensual de ataques de tiburones está correlacionado con el consumo mensual de helados, pero no hay relación directa entre ambos, es la temperatura la que les afecta). En los estudios sobre diferencias "raciales", casi nunca hay controles de los factores de confusión y cuando los hay (como eliminar el efecto de las diferencias ambientales entre familias al calcular la correlación cerebro/CI), la tasa de variación del 4 al 6 % entre individuos cae a cero.

Por ello resulta chocante ver que los resultados de mi equipo sobre las aves y los de Reader y Laland sobre los primates son citados y comentados públicamente por personas que claramente no muestran la neutralidad ideológica que cabría esperar de un buen científico. Imaginemos que los resultados que demuestran la extraordinaria inteligencia de los córvidos no fueran obra de investigadores británicos o neozelandeses, sino de cuervos que, financiados por la fundación ProCorvida, afirmaran que son superiores a las demás aves y que la alta tasa de reproducción de las gallinas y otras cabezas de chorlito está poniendo en peligro el futuro de la civilización... Esto es exactamente lo que ocurre con los investigadores que trabajan sobre las supuestas diferencias entre grupos humanos: sus fuentes de financiación y su colaboración con figuras de extrema derecha les alejan de la neutralidad científica, incluso cuando publican análisis sobre primates no humanos. Normalmente, las recomendaciones políticas de un investigador deberían desprenderse de sus resultados científicos. En el caso de los investigadores que trabajan sobre las diferencias de inteligencia entre seres humanos, ocurre lo contrario: sus opiniones ideológicas sobre la inteligencia inferior de los africanos (una subespecie, según uno de estos investigadores...) o sobre la "masa ignorante", como ellos dicen, parecen existir antes de sus teorías y resultados científicos, que luego confirman sus prejuicios. Sus supuestos resultados se obtienen sin ninguna de las precauciones, hipótesis alternativas o exámenes de posibles sesgos que, sin embargo, admiran en nuestros trabajos sobre aves y primates no humanos. Así que recalco que lo que hemos descubierto en las aves y lo que Simon Reader y Kevin Laland demostraron también en los primates no humanos no nos dice nada sobre ninguna diferencia cognitiva entre los grupos humanos actuales.

¡La gran ciudad!

Las personas crearon las ciudades y, por tanto, son los animales mejor adaptados a ellas (bueno, junto con las cucarachas y las ratas...). Algunas especies de simios también han dado el salto a la ciudad, al igual que muchas aves. Está claro que la ciudad, como la introducción en un país extranjero, supone un cambio radical con respecto al entorno de origen, por lo que las especies innovadoras tendrían ventaja para adaptarse a ella. Sin embargo, es difícil comprobar directamente si la tasa de innovación es mayor en los animales urbanos, ya que en la ciudad la probabilidad de ver una innovación es mucho mayor que en el campo o en medio de un bosque: los animales urbanos están muy cerca de un número muy elevado de observadores potenciales, así que hay que encontrar otros métodos.

Por ejemplo, se puede capturar la misma especie de ave en la ciudad y en el campo y ver si difieren en las pruebas de resolución de problemas. En casi todos los casos, las aves de ciudad obtienen mejores resultados que las de campo, ya sean gorriones o páridos en Hungría, minás en Australia, semilleros en Barbados o caracaras, parientes de los halcones, en Argentina. En la medida en la que las aves innovadoras son también generalistas del hábitat y omnívoras, podemos comprobar si las que han hecho la transición a las ciudades también lo son. Simon Ducatez volvió a utilizar la base de datos de la UICN para ver si las cerca de 1.000 especies de aves que viven en ciudades, en cualquier parte del mundo, son especialistas en este tipo de medio y, por tanto, solo viven allí, si son especialistas en distintos tipos de medio artificial reconocido por la UICN (ciudades, jardines, pastos, tierras de cultivo, plantaciones, bosques talados) o si se trata de generalistas que explotan varios de los 100 tipos de hábitat categorizados por la organización. De hecho, las aves urbanas corresponden a las dos últimas categorías: muy pocas especies viven únicamente en ciudades sin estar presentes también en otros entornos artificiales y en un gran número de hábitats. Por tanto, estas aves disponen de los recursos y la flexibilidad necesarios para adaptarse a la ciudad, sobre todo porque los demás entornos artificiales reconocidos por la UICN suelen estar cerca de las ciudades. Como demostró Daniel Sol, las aves urbanas llegan de algún sitio y su presencia en hábitats periurbanos influye en su paso a la ciudad.

Las gaviotas, que frecuentan vertederos, parques urbanos y restaurantes de comida rápida, son el ejemplo de grupo de aves que han invadido nuestras ciudades en las últimas décadas. Sin embargo, la basura y los desechos de McDonald's no son los únicos objetivos de estas aves: ahora se han convertido en aves de presa y empiezan a atacar a otras especies. El incidente más dramático relacionado con esta innovación tuvo lugar el domingo 26 de enero de 2014 en la iglesia de San Pedro de Roma. Ese día, el papa Francisco apareció en su ventana, como hacía casi todos los domingos, para decir unas palabras y bendecir a la multitud congregada en la plaza frente a él. El tema del día era la paz en Ucrania y el Papa pidió a dos niños que estaban a su lado que soltaran las tradicionales palomas blancas. Las palomas volaron como es debido, el papa y los niños salieron por la ventana, pero unos segundos después una gaviota atacó a una de las palomas e intentó matarla. Los supersticiosos vieron en ello un mal presagio, los teóricos de la conspiración una obra diabólica de los servicios secretos rusos y los protectores de los animales un escándalo que exigía la prohibición de todas las sueltas de palomas, ya fuera desde la ventana de un papa, desde una cesta de mimbre en una boda o desde la chistera de un mago...

El incidente del Vaticano es el último y más sonado ejemplo de una reciente innovación de gaviotas urbanas: la caza de palomas. Estas "palomas" suelen ser palomas bravías seleccionadas por su plumaje blanco, que tienen muchas más probabilidades de sobrevivir en la ciudad tras ser soltadas que la otra popular "paloma" enjaulada, la variante blanca de la tórtola rosigrís, que, en cualquier caso, es una versión doméstica de una tórtola africana, y como cualquier especie exótica, está prohibido liberarla. Los primeros casos de caza urbana de palomas se registraron en 1972 en gaviotas de Bering en el puerto de Vancouver, en 1978 en gaviotas argénteas europeas en Niza y Marruecos y en gaviotas del Caspio a partir de 1989 en Suiza e Italia. Recientemente se han visto gaviotas reidoras matando palomas en los Países Bajos y gaviotas patiamarillas en Italia. Yo mismo presencié un ataque en Barcelona, donde una gaviota persiguió a una paloma a pie hasta una tienda y luego la mató con el pico en la calle, ante la mirada de los horrorizados transeúntes.

Cuando un ave rapaz ataca a una paloma, no vemos nada raro, pero cuando una gaviota hace lo mismo en pleno Vaticano, nos sorprendemos. Sin embargo, más allá de la caza de palomas, hay muchos casos insólitos de depredación entre los individuos de la familia *Laridae*, a la que pertenecen las gaviotas. Los charranes pueden atacar a lagartijas, ratones, crías de éider y pequeños paseriformes; las gaviotas, a golondrinas y tordos; y las gaviotas más grandes, a murciélagos, colimbos, mérgulos, ibis, patos, vencejos y garzas. La técnica de depredación a veces es espectacular: hay al menos cuatro casos en los que una gaviota ha ahogado a su víctima manteniéndola bajo el agua hasta que dejó de moverse y tres casos en los que otra ha utilizado la misma técnica que suele emplear con erizos de mar, cangrejos y bivalvos, pero con un conejo, una rana o un mérgulo (un primo del frailecillo): para acabar con el animal, lo deja caer desde gran altura sobre una superficie dura, como una roca o una carretera asfaltada.

Las gaviotas también son expertas en el robo oportunista de alimentos. Julie Morand-Ferron identificó tras una revisión de textos a más de 230 especies de aves que fueron víctimas de robos por parte de gaviotas o charranes. Podríamos pensar que robar comida es una forma de *bullying* y que el ladrón tiene ventaja sobre su víctima por su tamaño corporal. Sin embargo, cuando Julie Morand-Ferron comparó el efecto del tamaño del cuerpo y el tamaño del cerebro en la piratería interespecífica en todas las aves, fue el cerebro el que jugó el papel más importante: dado el tamaño de sus dos cuerpos, el ladrón tiene, en promedio, un cerebro más grande que su víctima. La piratería es, por tanto, una cuestión de oportunidad, táctica y sincronización más que de pura brutalidad, como por ejemplo la de un gavión atlántico que arrebató un pez carbonero de las fauces de un tiburón cuando éste salía a la superficie: seguramente fue el cerebro lo importante y no los músculos.

Si son capaces de robar a un tiburón, ¿por qué habría de sorprendernos que las gaviotas roben a los humanos? En los últimos años se han multiplicado los casos de gaviotas argénteas europeas que roban comida a los humanos, sobre todo en Inglaterra: sándwiches directamente de las ventanas de las oficinas, helados y *fish and chips* en playas y balnearios… ¡Incluso secuestraron a un chihuahua en el jardín de una casa de Devon!

¿Podría ser que los humanos no solo seamos víctimas de las gaviotas, sino también indicadores de su alimentación? Dos estudios realizados en Inglaterra parecen apoyar esta idea. En un tramo de cuarenta y dos kilómetros de costa cerca de Liverpool, los científicos seleccionaron once lugares que diferían en su nivel de urbanización y ofrecieron a las gaviotas la posibilidad de elegir entre un pez pequeño y un trozo de pan de tamaño equivalente. En el lugar más salvaje, el 80 % de las aves eligió el pez, pero en el más urbanizado, el 95 % optó por el pan a pesar de que el pez es mucho más rico en proteínas y grasas. El porcentaje de gaviotas que eligieron pez disminuyó de forma constante en todos los lugares a medida que aumentaba la urbanización.

¿Influye la presencia humana en esta preferencia? El equipo dirigido por Neeltje Boogert, antigua estudiante de doctorado en mi laboratorio y actualmente investigadora en la Universidad de Exeter (Inglaterra), ofreció a gaviotas argénteas europeas urbanas un alimento (un tipo de barrita blanda) que un humano había sostenido en sus manos y otro que no habían tocado para saber qué elegían. La gran mayoría de las gaviotas eligió el alimento tocado por el humano. Cuando se repitió la prueba con objetos no comestibles, las gaviotas no mostraron ninguna preferencia. En otras observaciones, si un humano miraba intensamente a una gaviota, ésta dudaba y tardaba mucho más en acercarse. Por tanto, las gaviotas observan los detalles del comportamiento humano y los utilizan como facilitadores o como señales de peligro para conseguir comida.

El efecto de los humanos sobre los láridos a veces es indirecto; por ejemplo, hay más de una docena de casos de gaviotas o charranes que aprovechan la iluminación artificial de los humanos para pescar de noche. En general, las gaviotas se cuentan entre las aves más oportunistas e innovadoras. Dos equipos sometieron a las gaviotas a la prueba estándar de eliminación de obstáculos. En Argentina, el equipo de la bióloga Laura Biondi puso a prueba a las gaviotas cangrejeras en libertad y en cautividad. La naturaleza pirata de las gaviotas parece inhibir la resolución de problemas en la naturaleza, ya que la presencia a menudo agresiva de congéneres alrededor del dispositivo impide que los individuos que intentan resolver el problema tengan éxito. Sin embargo, la mitad de las aves en cautividad, al estar solas en una pajarera sin interferencia de otros, tuvieron éxito. En Terranova, Jessika Lamarre y David Wilson idearon una ingeniosa técnica para evitar estas interferencias en libertad: el dispositivo de eliminación de obstáculos se ofreció a cada pareja de gaviotas de Delaware "en la comodidad de su hogar", es decir, en su nido. Una cuarta parte de los 104 individuos que intentaron resolver el problema (tirando hacia ellos de una cuerda en cuyo extremo Lamarre y Wilson habían colocado un trozo de salchicha) superaron la prueba y cuanto más alimento urbano en lugar de marino consumía una gaviota, mayor era el porcentaje de éxito.

Los láridos tienen crías que se desarrollan precozmente, es decir, las crías adquieren plumón nada más salir del huevo y son capaces de moverse, aunque son algo menos independientes que los polluelos, que siguen a su madre solo unas horas después de nacer. Sin embargo, todas las familias de aves precoces (o semiprecoces en el caso de las gaviotas) tienen cerebros más pequeños en la edad adulta que las aves de desarrollo lento cuyas crías permanecen mucho tiempo en el nido. La génesis de las neuronas en el cerebro de estas últimas aves es más larga y conduce, para un tamaño corporal idéntico, a cerebros más grandes que los de las aves precoces. Por ejemplo, hay diecisiete veces más neuronas en el palio de un ave de desarrollo lento como la cotorra argentina que en el de una codorniz, de por sí precoz, para un peso corporal adulto equivalente de 94 gramos. Los estudios de los neurobiólogos Christine Charvet y Georg Striedter han demostrado que esta diferencia comienza muy pronto en el huevo, pero, aunque todas las aves precoces tienen cerebros más pequeños, sigue habiendo enormes variaciones entre familias. Los láridos tienen, junto con las grullas, los cerebros más grandes entre las aves primitivas; se encuentran mucho más cerca de las familias de desarrollo lento que de avestruces, casuarios, emúes y tinamúes, que se encuentran a la cola del pelotón. De hecho, para un peso corporal de un kilo, un tinamú tiene un cerebro de 3 gramos y un águila negra, de 9 gramos; con 7 gramos, la gaviota argéntea europea está más cerca de un ave rapaz que de un tinamú.

Lo mismo ocurre con las innovaciones: los láridos ocupan los primeros puestos. Todos hemos visto cómo las gaviotas pasaban de ser aves marinas a aves urbanas en el transcurso de unas pocas décadas. La ventaja de hojear revistas de ornitología publicadas en un largo periodo de tiempo, en muchos casos de los años treinta o cincuenta, es que se puede ver la aparición de comportamientos que hoy parecen habituales. Por ejemplo, el comportamiento de que charranes y gaviotas siguiesen a tractores que araban los campos y cazasen los invertebrados que afloraban a causa de esa actividad en África, Alemania y España fue lo suficientemente novedoso en 1970-1971 como para preguntarnos cuándo las aves habían adoptado ese comportamiento. Lo mismo ocurrió en Nueva Zelanda en 1951 y Australia en 1957, cuando las gaviotas empezaron a cazar insectos en un campo o una playa del mismo modo que un papamoscas, una golondrina o un vencejo.

A menudo se observa en todo el mundo que los láridos siguen a los barcos pesqueros para recoger lo que se desecha o pescar las presas desorientadas por las corrientes de los barcos. En muchos casos, los láridos simplemente han transferido a los barcos pesqueros su capacidad de aprovecharse de otras especies marinas para conseguir comida. Hay al menos una docena de casos de charranes o gaviotas que observan focas, atunes, delfines o ballenas en el mar y se comen los restos de lo que sacan a la superficie. Y ya que hablamos de focas, ¿por qué no seguirlas hasta sus colonias de cría y comerse las placentas que las hembras dejan cerca de sus recién nacidos, como hace la gaviota plateada neozelandesa? Y ya que hablamos de comer placentas, ¿por qué no beber también la leche que sale de los pezones de esas madres, como hacen dos parientes de las gaviotas, el págalo subantártico y el picovaina de las Malvinas?

En algunos casos, la innovación se asemeja a lo que haría una corneja, una garza o una rapaz: una gaviota patiamarilla en Marsella se puso a volar con una bolsa de plástico llena de basura en el pico y la arrojó al suelo para reventarla, como habría hecho con un cangrejo; frente a las costas de Yucatán, los charranes reales aprovecharon las zambullidas de sus congéneres para atrapar peces voladores que intentaban escapar lanzándose fuera del agua; las pagazas piconegras y los fumareles cariblancos en Australia se atiborraron de ratones durante una de las invasiones de roedores que periódicamente se producen allí; los fumareles comunes en Países Bajos, mientras revoloteaban sobre estiércol de vaca, capturaron los insectos atraídos por él; finalmente una gaviota argéntea europea cazó murciélagos cuando salían de un tejado en un pueblo escocés.

Dado su oportunismo y su extraordinaria capacidad de adaptación, podemos suponer que las gaviotas seguirán los cambios que el ser humano introduzca en su entorno. A lo largo de las décadas, estas aves han pasado de depredadores marinos a carroñeros de vertederos o especialistas en *fast food* urbano y sus poblaciones han fluctuado según la oferta del mes: pescado, basura o Big Mac. Estas aves también pueden resultarnos útiles: como los canarios en las antiguas minas, el gusto de los láridos por las delicias del Antropoceno puede advertirnos de posibles peligros. Podemos estudiar las consecuencias que tiene en la salud de las gaviotas la ingesta de plásticos, metales y otros contaminantes. Los biólogos Sarah Marteinson y Jonathan Verreault, de la Universidad du Quebec en Montreal, descubrieron que cuantos más alimentos urbanos comen las gaviotas de Delware de la región de Montreal, más altos son sus niveles de colesterol. En España, los investigadores han convertido a las gaviotas en detectives ecológicos: mediante el seguimiento por GPS de individuos equipados con transmisores, han descubierto vertederos ilegales que habían escapado a las autoridades, pero no al vuelo de las gaviotas.

Los vertederos pueden ser fuentes útiles de alimento para las aves, pero también presentan peligros: en varios países, las epidemias de botulismo están matando a miles de aves. Un estudio reciente realizado en Irán permitió descubrir la salmonela, *Campylobacter, Yersinia, Citrobacter* y enterobacterias *Klebsiella* en gaviotas reidoras, gaviotas picofinas, grajas y estorninos que frecuentan un vertedero cerca de Isfahán. Todas estas especies son innovadoras, lo que ilustra uno de los principales costes de la innovación: cuanto mayor es la diversidad de alimentos que exploran, más técnicas se inventan para acceder a nuevas fuentes y mayor es el riesgo de contraer patógenos. Cuatro estudios demostraron este coste. El biólogo húngaro László Garamszegi y sus colegas hallaron una relación positiva entre la tasa de innovación en 45 especies de aves y su prevalencia de parásitos sanguíneos; los órganos del sistema inmunitario (bazo, bolsa de Fabricio y timo) también son mayores en relación con el tamaño corporal en los innovadores. Jean-Nicolas Audet descubrió una respuesta inmunitaria más fuerte en los individuos urbanos, más innovadores, pero también más expuestos a nuevos alimentos y fuentes de residuos, que en los individuos capturados en zonas rurales. Mis colegas húngaros Zoltán Vas y Lajos Rózsa hallaron una mayor diversidad de piojos hematófagos en las familias de aves innovadoras. Por último, los biólogos Juan José Soler y Anders Pape Møller hallaron más enterobacterias y estafilococos en las cáscaras de huevo de las especies innovadoras. La evolución de la innovación, como la de todos los rasgos biológicos, se produce por tanto en un contexto de costes y beneficios, en el que las desventajas de una mayor tasa de patógenos superan a las ventajas de un nuevo alimento. Si no fuera así, ¿por qué la innovación sería tan rara y nos sorprendería tanto?

Muchas menos especies de primates que de aves se han urbanizado y los primates más innovadores, los grandes simios, tienden a rehuir los humanos en lugar de acercarse a ellos. Sin embargo, hay algunos simios que se han adaptado a la vida urbana. En la India y Tailandia, los macacos se toleran desde hace tiempo en los alrededores de los templos. En la India, los langures tienen un estatus especial en las ciudades gracias a su afiliación con el dios mono Hanuman, cuyo nombre comparten. En Sudáfrica, los vervets habitan las ciudades de la provincia de KwaZulu-Natal, al igual que los babuinos en la provincia de Ciudad del Cabo. En Brasil, algunos grupos de capuchinos semisalvajes viven cerca de los humanos en la reserva de Goiânia y en las cataratas de Iguazú. Todas ellas son especies a las que la UICN otorga una clasificación de conservación "no preocupante". En las clasificaciones de inteligencia de Reader y Laland y Deaner y van Schaik, se sitúan justo detrás de los grandes simios. Como en el caso de las aves, innovación, conservación y urbanización parecen ir de la mano en los primates, al menos fuera de los grandes simios.

Si las aves innovadoras están expuestas a una mayor diversidad de patógenos, ¿ocurre lo mismo con los primates? Simon Reader, ahora profesor de biología en la Universidad McGill, y sus colegas dividieron los patógenos en los que podemos contagiarnos de otros individuos, como piojos y pulgas, y los que podemos contagiarnos del entorno físico, como la salmonela y el botulismo. Demostraron que formas de inteligencia social como el aprendizaje cultural estaban relacionadas con los patógenos que adquirimos de otros, mientras que la innovación individual estaba asociada con los que adquirimos del entorno físico. En conjunto, cuantos más casos de innovación, aprendizaje cultural o recolección extractiva (cavar con una herramienta o con las manos) se registraban en una especie, mayor era la diversidad de patógenos que la atacaban. Otro aspecto en el que la inteligencia de primates y aves mostraba similitudes era en los costes que genera.

Ratas con alas

Aparte de las gaviotas, las palomas son las aves que más asociamos con las ciudades, hasta el punto de que muchos estarían de acuerdo con el apodo popularizado por Woody Allen: "ratas con alas". Las palomas no son las únicas que han adoptado la vida urbana, pero tienen dos ventajas sobre las demás: como hemos visto, descienden de antepasados semidomesticados seleccionados durante generaciones en palomares por su ausencia de miedo a los humanos y también están preadaptadas a posarse y anidar en las cornisas de los edificios urbanos porque su entorno ancestral son los acantilados de la costa (en inglés, el nombre común de la paloma bravía es *rock dove*, "paloma de las rocas"). A las palomas cualquier roca les vale: ya sea una cornisa en la costa mediterránea o bien el borde de un edificio victoriano en el centro de Londres.

Otras colúmbidas urbanizadas no disfrutan de estas dos ventajas, pero comparten con las palomas la preferencia por los pastos. Pasar de los prados de hierba a los campos cultivados, y luego a los almacenes de grano y al pan abandonado en los parques, es solo una forma de seguir al grano en su proceso de cultivo, almacenamiento y cocción por los humanos. En Barbados, las tórtolas del género *Zenaida* se reúnen frente a los almacenes de grano del puerto y en los patios de las plantas procesadoras de alimentos y abandonan su habitual agresividad territorial ante estas toneladas de comida. La tórtola moteada oriental hace lo mismo en Australia y la tórtola senegalesa en las ciudades africanas. En las ciudades de Europa vemos a la tórtola turca compitiendo con las palomas por las migas de pan que han dejado caer o que les ofrece la gente. En resumen, allí donde haya cereales, ya sea crudos o cocidos, en su tallo en el campo o en forma de pan en una plaza, habrá una paloma urbana.

La tórtola turca es una especie urbana y una de las invasoras más prolíficas del planeta. Antes del siglo XIX no se encontraban en Europa. Como su nombre indica, solo se encontraba en la Anatolia turca, en la orilla asiática del Bósforo. Empezó a verse en Bulgaria en 1838 y, a lo largo del siglo XX, emigró cada vez más al norte y al oeste, llegando a Francia hacia 1950. Actualmente se puede observar en lugares tan lejanos como las regiones árticas de Noruega. Desde 1974, tras la fuga de unos cincuenta ejemplares de las Bahamas, ha invadido América. En Barbados, sustituye en muchos lugares a la tórtola del género *Zenaida*.

Tuve la suerte de ver una asombrosa innovación de tórtolas turcas en la localidad catalana de Sitges, donde están presentes desde 1989-1991. En varias ciudades europeas, los amantes de los gatos

dan comida y cobijo a los cientos de gatitos abandonados y asil-
vestrados que rondan por ruinas y descampados. En Sitges, se han
creado pequeños parques urbanos para ellos, con vallas, casetas de
madera para dormir, bebederos y comida.

Este alimento se suministra en forma de croquetas de pienso
seco, un alimento que se conserva bien. En al menos dos de estos parques de gatos, las tórtolas turcas han aprendido a comer

estas croquetas. Cuando las tórtolas bajan a comer, la mayoría de los gatos están dormidos y probablemente no representan un gran peligro. Sin embargo, hace falta cierto valor para que una tórtola aterrice en el suelo, camine hasta un cuenco situado bajo una caseta donde dormita uno de sus peores depredadores y se trague unas croquetas lo más rápidamente posible, todo ello en medio del bullicio de los turistas que recorren el parque donde descansan los bonitos gatitos. El comportamiento de las tórtolas se observó en dos parques separados por medio kilómetro y no se sabe si se trata de descubrimientos independientes, de transmisión social de un mismo origen o si son los mismos individuos los que visitan varios

lugares. Las croquetas tienen un contenido proteínico mucho más elevado que el pan y otros cereales que constituyen la dieta normal de las tórtolas, por lo que pueden dar ventaja a las hembras en la época de cría o a los machos tras sus agresivas peleas. En otras partes del mundo, también comen croquetas secas especies como el carpintero frentidorado, el cuitlacoche piquicurvo, el cardenal norteño, el pradero oriental y varias especies de zanate, pero ninguna de estas aves lo hace en condiciones tan arriesgadas como las tórtolas de Sitges.

Otras innovaciones de palomas y tórtolas se basan en la ingesta de alimentos inusuales. Las más extrañas son seguramente las que describen el consumo de carne de animales atropellados por coches en Inglaterra: una tórtola turca comió el cadáver de un conejo y una paloma torcaz devoró la carne de otra paloma torcaz atropellada en una carretera; cabría esperar esto de un cuervo o un buitre, pero no de una colúmbida. También hay un caso de tortolitas mexicanas en México que roban las semillas que las hormigas rojas cosechadoras transportan a su nido; el artículo no dice si las hormigas se vengaron, ya que su picadura es lo suficientemente dolorosa como para alcanzar el nivel 3 de un máximo de 4 en la escala de Schmidt, que cataloga la gravedad de las picaduras de insectos.

A pesar de estos pocos ejemplos, el número de innovaciones registradas en colúmbidas, dado el altísimo nivel de investigación sobre ellos, es bastante bajo (los pequeños cerebros de palomas y tórtolas podrían tener algo que ver). De las 111 especies cuyas neuronas contó el equipo del neurobiólogo checo Pavel Němec, 7 de las 10 aves con menor número de neuronas en el palio son colúmbidas; las otras 3 son gallináceas. La tortolita rabilarga africana, por ejemplo, solo tiene 14 millones de neuronas en su palio, mientras que un periquito común, con los mismos treinta gramos de peso, tiene diez veces más, casi 149 millones. Por tanto, las colúmbidas no sobreviven gracias a su inteligencia, sino a su fertilidad y su capacidad de conseguir comida sin causar demasiado rechazo por parte de los humanos; cuesta imaginarse las hordas de turistas amontonarse en la plaza de San Marco de Venecia para fotografiar y dar de comer a buitres... A pesar de la ubicuidad de la paloma y de algunas tórtolas urbanas, un tercio de las 370 especies de colúmbidas del mundo están clasificadas por la UICN como vulnerables a la extinción, con 13 especies ya extinguidas, entre ellas la famosa paloma migratoria de nuestra región.

Un paseriforme de cerebro pequeño

Las colúmbidas tienen cerebros pequeños con pocas neuronas paliales y están muy lejos de páridos, semilleros, zanates y gorriones en el árbol filogenético de las aves. Recordemos el árbol genealógico que vimos en el capítulo sobre semilleros y pinzones de Darwin. En lo alto del árbol se encuentran varias familias pertenecientes al orden de los paseriformes, que incluye también aves del paraíso, aves lira, pergoleros y otros grupos con cerebros grandes. Sin embargo, hay una familia que destaca sobre el resto de los paseriformes, las golondrinas; en relación con el tamaño de su cuerpo, éstas tienen un cerebro más pequeño que otros paseriformes, pero también que el de un pato, una de las aves más primitivas. Una de las especies de la familia, la golondrina común, con 20 casos, ocupa sin embargo el puesto 19 en innovaciones de todas las aves. Muchas de estas innovaciones se deben a la presencia de la especie en entornos humanos, que ha utilizado para anidar durante siglos. Seguir los arados y tractores para atrapar insectos que afloran, atrapar insectos por la noche gracias a la iluminación artificial, comer las moscas que emergen del cadáver de una serpiente en una carretera, aprovechar las volutas de humo de un incendio forestal para atrapar los insectos que escapan son los casos más citados de innovación de la golondrina común.

Las golondrinas tienen un estilo de vida insectívoro similar al de vencejos y chotacabras, que también tienen cerebros pequeños. En el orden que incluye alciones y cucaburras comunes, el grupo con el cerebro más pequeño, los abejarucos, también son especialistas en insectos. Puede que este estilo de vida requiera menos neuronas que otros, ya que los insectos suelen ser abundantes; sin duda, es más difícil para un carnívoro rastrear una presa que intenta esconderse de él que para un insectívoro atrapar al vuelo cualquier cosa que pase por delante. También entre los primates, los especialistas en insectos como gálagos, aye-ayes, loris, lémures y lémures enanos tienen cerebros pequeños y pocas neuronas corticales. Entre los cetáceos, las ballenas misticetas, cuya ingesta de krill (diminutos crustáceos presentes en gran número) se asemeja a la caza de insectos, tienen cerebros más pequeños en relación con su tamaño corporal que las ballenas odontocetas, los delfines, los cachalotes y las orcas, que persiguen presas más aisladas y móviles.

Aunque la relación entre el tamaño del cerebro y la tasa de innovación es sólida y generalizada en todas las aves y primates, siempre encontramos excepciones. Las golondrinas son una de ellas: su cerebro está más en consonancia con el de otros insectívoros, pero su ritmo de innovación se acerca al de urracas, páridos y águilas. La proximidad de las golondrinas a los humanos puede tener algo que ver. En la medida en la que generamos novedades constantemente puede haber facilitado el oportunismo de las especies que viven cerca de nosotros, aumentando al mismo tiempo nuestras posibilidades de observar sus innovaciones.

Jugar a dos bandas: mar y tierra

Un buen pescador sabe que hay dos formas de atraer a un pez: con un trozo de comida adherido a un anzuelo o con un señuelo que llame la atención del pez y le haga creer que ha visto algo que atacar. La garcilla verde y la garcita verdosa, que durante mucho tiempo se han considerado la misma especie, no utilizan anzuelos ni sedales, sino que utilizan ambas técnicas para atraer a los peces y atraparlos con el pico. La garcita verdosa se encuentra en muchas partes del mundo, donde se la ha observado usando señuelos en zonas tan distantes como Australia, Perú, Japón y Singapur. La distribución de la garcilla verde es más limitada, pero también se la ha observado pescando con señuelos en varias zonas de América. El observador siempre queda asombrado por las acciones del ave: deposita pan, moscas, libélulas, plumas, palitos, trozos de plástico, bayas, setas y flores en la superficie del agua y espera, inmóvil, a que se acerque un pez. Si el señuelo se mueve por el agua alejándose del lugar donde la garcilla ha detectado un pez, el ave recoge el señuelo y lo recoloca. Es este traslado y esta recolocación lo que sugiere que hay planificación en la pesca por parte de las aves y que no es solo cuestión de azar que deje caer un trozo de pan o un insecto al agua y luego engulla un pez atraído por el alimento. Hay vídeos que muestran cómo los patos "comparten" con los peces el pan que les echan las personas; en realidad, el pan simplemente es arrojado al agua por los movimientos del pico de los patos y los peces solo se benefician de estos accidentes. Un vídeo que ilustra bien este comportamiento, y también impresiona, es el de una orca que deja a un pez en el borde de su piscina y luego atrapa y se come a una de las aves atraídas por el cebo...

El biólogo japonés Hiroyoshi Higuchi realizó un estudio detallado del uso de señuelos por parte de las garcitas verdosas. Algunos individuos los utilizan a menudo, otros nunca. Las aves adultas tuvieron mucho más éxito que las jóvenes, lo que significa que el aprendizaje desempeña un papel importante en la eficacia del comportamiento. Los cebos vivos, principalmente insectos, se utilizan con menos frecuencia que los señuelos no comestibles, principalmente hojas y palos. En algunos casos, los palos demasiado largos se parten para fabricar señuelos más cortos, lo que sitúa a nuestras garcillas en la categoría superior de fabricantes de herramientas. Una garcita que dispone de un buen lugar de caza, por ejemplo, en una rama con vistas a un estanque, utiliza señuelos con menos frecuencia que una garcilla que tiene que situarse directamente en el agua y donde los peces pueden detectarla con más facilidad. Por tanto, existe, como en todas las innovaciones, un aspecto de coste/ beneficio en la pesca con señuelos: cuando la solución estándar es suficiente, el animal utilizará la solución más complicada con menos asiduidad. Sin embargo, el uso de señuelos y cebos compensa: Hiroyoshi Higuchi calcula que un pez solo tarda unos segundos en picar cuando un cebo se coloca en el agua y que el índice de capturas por hora es mayor (o al menos igual en algunos individuos) cuando se pesca con un señuelo o cebo que cuando se pesca sin herramientas. La técnica más eficaz cuando el agua está clara es seguir la trayectoria de un pez y lanzarle el cebo directamente cuando se acerca: el resultado llega en menos de un segundo. Hiroyoshi Higuchi es profesor emérito de la Universidad de Tokio, pero la identidad del otro experto mundial en el uso de señuelos por parte de garcillas, Michel Antoine Réglade, ilustra una cualidad de la ornitología que destaqué al principio de este libro: los ornitólogos no profesionales pueden ser investigadores tan competentes como los académicos universitarios a tiempo completo. Réglade es reumatólogo y autor de varias publicaciones en revistas de ornitología de la India, Europa y América.

Aunque la garcilla verde y la garcita verdosa son las campeonas de la pesca con señuelos, varias de sus primas también utilizan esta técnica de vez en cuando. No menos de otras 10 especies de garzas de todas las regiones del mundo han sido vistas utilizando señuelos o cebos. En el caso de la garza real y la garza azulada, se conoce como uso "pasivo": el ave se acerca a los humanos que lanzan pan al agua y captura un pez que se siente atraído por él. Sin embargo, las otras 8 especies (garceta común, garceta grande, martinete común, avetigre colorada, avetorillo común, garcilla india, garcilla cangrejera y garza goliat) utilizan una técnica activa, colocando ellas mismas pan, insectos, una ramita, una galleta o un trozo de poliestireno en el agua, como haría una garcita verdosa. Un martinete común fue más allá de la simple colocación de la ramita en el agua y la agitó con el pico como un buen pescador. Una garceta común incluso llevó la técnica aún más allá y movió su propia lengua para cebar a los peces. La única excepción por el momento es una especie que quizá no necesite señuelos, porque ha innovado con una técnica igualmente espectacular: la garceta azabache africana pesca creando un parasol con las alas plegadas sobre la cabeza y así atrae a los peces a zonas de sombra para verlas con mayor claridad. La garceta rojiza también utiliza una versión parcial de la sombrilla, pero añade una danza que la hace girar a izquierda y derecha para buscar y desplazar a los peces.

Hay 64 especies de ardeidos, la familia que incluye garzas, garcillas, garcetas y avetoros. En la medida en que 12 de ellas utilizan señuelos al menos alguna vez, dos de ellas con frecuencia, podemos considerar que se trata de un comportamiento típico de toda la familia. Además, cuando observamos el árbol genealógico de los ardeidos, vemos que la pesca con señuelos no se limita a una sola parte de la familia, sino que aparece en todas las ramas. Un fenómeno similar se ha observado entre las gaviotas: una docena de especies lanzan a sus presas desde el aire para matarlas o chafarlas contra una superficie dura. Una vez más, la idea más plausible es que haya una cepa flexible, como en los pinzones de Darwin, detrás de la evolución de la misma innovación en especies hermanas descendientes del mismo antepasado. La parsimonia es una de las principales reglas de la ciencia y, a falta de pruebas que demuestren lo contrario, es más sencillo imaginar un único origen para un comportamiento que se encuentra en una docena de especies hermanas que doce orígenes independientes, lo cual no quiere decir que todas las especies que han evolucionado a partir de la cepa flexible vayan a exhibir ese comportamiento (recordemos el semillero bicolor barbadense, miembro conservador de una subfamilia muy innovadora), aunque probablemente tenga una tendencia a expresarse cuando las condiciones ecológicas lo propicien.

Aparte del uso de herramientas, la familia de los ardeidos es una de las más innovadoras de todas las aves, con casi 250 casos en la base de datos; su cerebro medio está en la misma categoría que el de las gaviotas, con unas pocas especies que alcanzan el nivel de un halcón o un alcaudón. La garza real, la garcilla bueyera y la garceta común presentan los mayores índices de innovación de la familia. Como el alimento normal de la garza son los peces, la innovación más frecuente es la depredación de un mamífero o un ave: ratones, conejos, ardillas listadas, musarañas, ratas almizcleras, crías de pato, martines pescadores, colibríes, rascones, colimbos, vencejos, pequeños paseriformes…, lo que sea. Las aves suelen ser capturadas al vuelo, con la misma rapidez con la que se atrapa a los peces. La mayoría de las veces, la proximidad del agua añade espectacularidad a esta depredación, ya que se puede ahogar a la presa. Las garzas mantienen a su presa bajo el agua hasta que deja de forcejear y entonces aprovechan que el agua alisa el pelaje o las plumas para tragarse al animal con más facilidad. Aunque la técnica de caza habitual de las garzas es esperar inmóviles con los pies en el agua, a veces atacan a los peces zambulléndose como un águila pescadora o nadando como un cormorán. Al igual que las gaviotas, siguen a los tractores por los campos para comerse a los animales que salen huyendo. Se observó a una cazando a crías de ratón que se habían separado de su madre mientras huían. Como las cornejas y los zopilotes, las garzas se alimentan de los cadáveres que encuentran, ya sean peces muertos por contaminantes o un conejo o canguro atropellado en una carretera. Aprovechan la pesca de cormoranes, charranes o nutrias para capturar peces fugitivos y también la iluminación de farolas para pescar de noche. Al disponer tanto de humedales como de medios terrestres, las garzas acceden a una variada gama de alimentos.

Hemos visto que la innovación y la colonización de un nuevo entorno suelen ir de la mano. La campeona mundial de la invasión entre las aves es la garcilla bueyera. Desde su área de distribución original en las regiones tropicales de Eurasia y África se ha extendido, sin introducción humana, a las regiones secas del sur de África. Desde África Occidental, cruzó el Atlántico a finales del siglo XIX y desde entonces se ha extendido por todo el continente americano y las islas de las Antillas. Actualmente se encuentra en Australia, Nueva Zelanda y las islas cercanas a la Antártida. Su propagación se debe en gran medida a la extensión de los pastos ganaderos por todo el mundo, ya que, como su nombre indica, esta garcilla pasa gran parte del día cerca de bueyes y vacas, que le proporcionan los insectos que come, atrayéndolos con sus excrementos y obligándolos a huir cuando remueven los pastos. Si el bóvido se detiene y no genera movimiento en los pastos para que afloren los insectos, la garcilla no se limita a vigilar pasivamente, sino que actúa: se han dado algunos casos en los que un individuo ha picoteado a un bóvido que ha dejado de comer para que reanudara su marcha. En uno de estos casos, el montero no era un bóvido, sino un hombre al que seguían las garcillas bueyeras cada vez que pasaba junto a su cortacésped: cuando el hombre se detenía para secarse el sudor o beber agua, las aves se abalanzaban sobre él y le picoteaban la pierna, obligándole a moverse. Es imposible saber si las garcillas estaban interviniendo *para* que su montero se moviera con el mismo grado de intención planificada con el que nosotros lo haríamos en un caso similar. El objetivo aquí no es estudiar las innovaciones sobre el terreno, sino que basta con observar que el comportamiento del ave tiene como efecto aumentar su caza de insectos, independientemente de lo que le pase o no por su cabeza. Más tarde, alguien podría realizar experimentos controlados que intentasen separar todos los mecanismos verificables, siendo el más simple el de que un picotazo que tendría que ir dirigido a un insecto golpeó accidentalmente la pierna del hombre, quien entonces reanudó el corte y así recompensó la acción del ave con muchos insectos. Un perro que nos empuja la mano y luego recibe una caricia no difiere mucho de esta acción: aprende que el gesto será recompensado. Es posible que en la cabeza del perro exista un equivalente mental de una intención planificada similar a la humana, pero por el momento no se puede demostrar.

Aunque la agricultura permite a las garcillas bueyeras encontrar pastos, a menudo acuden a los vertederos, donde no solo consumen restos orgánicos, sino también insectos atraídos por cadáveres y desperdicios. Se ha visto a garcillas bueyeras capturar insectos forzándolos a salir del cadáver de una vaca saltando repetidamente sobre el cuerpo. En Israel, en un criadero donde se habían vertido huevos, las garcillas bueyeras acabaron en poco tiempo con los polluelos que habían tenido la mala suerte de eclosionar en el lugar y el momento equivocados.

Pelícanos terrestres mortales

Uno de los mayores espectáculos que se pueden ver en una playa es observar a los pelícanos planear a pocos centímetros del mar, sin batir las alas: aprovechan las corrientes ascendentes generadas por las olas del océano para volar sin esfuerzo sobre el agua. Cuando detectan peces, ascienden en un vuelo en bucle y se lanzan en picado a gran velocidad hacia su presa, evitando la refracción provocada por el agua con un picado en ángulo. Lo que hacen millones de años de sutiles adaptaciones al medio marino...

Sin embargo, en las últimas décadas, los pelícanos, como los albatros de las cubiertas de los barcos del poema de Baudelaire, han abandonado el mundo marino donde evolucionaron con tanta elegancia y atacan cada vez más a sus presas en tierra firme. El 27 de octubre de 2006, la BBC mostró por primera vez imágenes de un pelícano caminando por el suelo en St James's Park, Londres, tragándose torpemente una paloma ante la horrorizada mirada de los turistas. Corresponsales de la revista *British Birds* afirmaron que este comportamiento ya se había visto en los años ochenta; uno de ellos relató que, tras una comida bien regada, se quedó tan atónito que dudó de sus sentidos, pero escandalizó lo suficiente a un diputado como para que ordenara la deportación de estos pelícanos asesinos a un zoo.

Sin embargo, el fenómeno de los pelícanos asesinos parece ir en aumento desde hace algún tiempo, como demuestra un estudio a largo plazo realizado por Marta de Ponte Machado en Sudáfrica. Entre los años sesenta y ochenta, hubo unos pocos casos de pelícanos que atacaron a aves marinas jóvenes en colonias de cría en islas de la costa occidental del país. Desde la década de 1990, sin embargo, estos ataques han aumentado, primero en una sola isla y luego, desde 2005, en varias islas y lugares costeros, incluida la isla de Robben, famosa por su prisión donde estuvieron recluidos miembros de la resistencia sudafricanos como Nelson Mandela. Los pelícanos se desplazan de un lugar a otro en función de los distintos periodos de nidificación de sus víctimas. En un solo día se registraron más de 200 pelícanos en un mismo lugar donde jóvenes cormoranes, alcatraces, gaviotas y charranes fueron atacados.

Estos ataques se realizan con tácticas similares a las que los pelícanos realizan en pleno vuelo o sobre el mar para pescar peces: en las colonias de gaviotas, grupos de 5 a 12 pelícanos avanzan en forma de V hacia las crías, haciendo frente a los ataques de los padres, a veces hasta quedar cubiertos de sangre. En las colonias de cormoranes, los pelícanos apartan a los padres para acceder a las crías escondidas bajo ellos; un padre que se niega a abandonar el nido puede terminar engullido por un pelícano asesino. En las colonias de charranes, los pelícanos adoptan una formación circular, rodeando a las crías, que son más móviles que otras especies de presas terrestres; si los charranes saltan al agua para escapar, los pelícanos los siguen y se los tragan allí mismo.

El punto de partida del cambio de dieta de los pelícanos sudafricanos podría estar relacionado con otra innovación: los pelícanos de la región se aprovechaban de los residuos de una granja porcina cercana a Stellenbosch, cuya abundancia provocó un aumento de su población, con hasta 1.500 individuos que encontraban allí algo que comer. Sin embargo, la fuente se agotó en 2005 y los pelícanos tuvieron que buscar una alternativa: las colonias de aves marinas.

Una de las características de los innovadores es encontrar una nueva solución cuando lo que funcionaba antes ya no funciona. Al igual que las garzas, los pelícanos juegan a dos bandas: mar y tierra. Aparte de las heridas causadas por los ataques de gaviotas adultas que defienden a sus crías, el nuevo método de alimentación utilizado por los pelícanos sudafricanos parece ser beneficioso por ahora, aunque el efecto negativo de esta depredación sobre la reproducción de las aves marinas podría plantear pronto un problema. Otras innovaciones no han sido tan beneficiosas; por ejemplo, se registró por primera vez el caso de un pelícano que murió tras comerse una raya redonda (*Rajella fyllae*) en la península de Baja California: se había clavado la espina de la cola de la raya en la bolsa del pico. En efecto, probar un nuevo alimento puede ser arriesgado. El idioma español, inglés y portugués tienen una expresión para esto: "la curiosidad mató al gato". A menudo encontramos en las notas ornitológicas innovaciones que han traído mala suerte a su autor, como un grévol engolado que murió tras intentar tragarse un ratón o un artamo carinegro tras atascársele en el pico una lagartija de diez centímetros.

Es raro que una especie tan grande y difícil de estudiar en libertad como el pelícano se someta a un ensayo experimental de aprendizaje, pero eso es lo que hizo un equipo internacional dirigido por Samara Danel, Auguste von Bayern y François Osiurak en el parque de Villars-les-Dombes (Francia). Dos grupos de pelícanos a los que previamente se les había privado de alimento fueron sometidos a la prueba estándar de eliminación de obstáculos. Primero se colocó un pequeño pez en una caja opaca cuya tapa se podía abrir empujándola. Un grupo de pelícanos pudo ver cómo un congénere preentrenado abría la caja y cogía el pez, mientras que el otro grupo no pudo. Solo uno de los cinco individuos sin demostrador superó la prueba, pero todos los que tenían demostrador lo hicieron. Así pues, los pelícanos pueden utilizar la información social, como sugieren sus estrategias colectivas para pescar o atacar a aves marinas. Esta capacidad de innovar, cooperar y aprender de los demás no nos debe sorprender, dado el impresionante tamaño del cerebro de los pelícanos, que los sitúa por encima de halcones, zopilotes y águilas y justo por debajo de los pájaros carpinteros.

A pesar del poema de Baudelaire, los albatros también son capaces de innovar aprovechándose de los humanos: tienen el cerebro del mismo tamaño que el de los pelícanos y, en este sentido, son muy superiores a sus parientes marinos más cercanos, los petreles, los paíños y los potoyuncos. En las islas que rodean Nueva Zelanda, los maoríes cazan tradicionalmente potoyuncos, cuya carne es similar a la de las ovejas, razón por la que reciben el nombre de *muttonbirds*. El albatros de Buller, especie en peligro de extinción, ha aprendido a aprovechar esta caza tradicional cogiendo los despojos arrojados al agua por los cazadores maoríes. Varias especies de albatros también han aprendido a aprovechar los descartes de los pesqueros de arrastre. El abanto marino antártico, primo del albatros, también sigue a los arrastreros y desde hace tiempo se beneficia de los desechos que arrojan los mataderos de Ngauranga, cerca de Wellington (Nueva Zelanda). Dos especies de pardelas, también primas de albatros y petreles, que normalmente capturan su alimento sumergiéndose bajo el agua, han sido vistas comiendo peces voladores persiguiéndolos a más de ciento cincuenta metros sobre el agua.

El superorden al que pertenecen los pelícanos y los albatros incluye otros dos grupos con un interesante índice de innovación: los cormoranes y las cigüeñas. El cormorán grande, cuyo cerebro tiene aproximadamente el mismo tamaño que el de una gaviota, es responsable de más de la mitad de las innovaciones de su familia. Los cormoranes grandes pueden cooperar para capturar peces, actuando, según un observador de la India, como pescadores que tiran juntos de una gran red. Cerca de la terminal de transbordadores entre Auckland y Davenport (Nueva Zelanda), los cormoranes han aprendido a sincronizar su pesca con la llegada de los barcos, aprovechando las turbulencias causadas por los motores y las corrientes de aire para capturar peces desorientados. Los cormoranes también utilizan otras fuentes humanas de alimento: se calcula que en una piscifactoría de Arcachon (Francia), más del 50 % de la producción pesquera fue robada por cormoranes. Los peces, sin embargo, no son la única presa de estas aves: se han encontrado restos de pollos y gansos domésticos en sus estómagos y se les ha visto atacar el cadáver de una foca e incluso ahogar a un porrón. En México, los cormoranes orejudos y los cormoranes sargento aprovechan las actividades pesqueras de los delfines para zambullirse en los bancos de peces agrupados por el ataque cooperativo de los cetáceos. En China y Japón, los pescadores amaestran a los cormoranes para que traigan al barco los peces que son demasiado grandes para pasar por la anilla fijada alrededor de su cuello. En el río Li, en China, los pescadores tienen por norma recompensar a sus cormoranes por cada octava captura. En un polémico artículo en el que afirman que los cormoranes saben contar, la baronesa de Aigremont y Miriam Rothschild, heredera de la famosa familia de banqueros (y experta mundial en pulgas), afirman haber observado cómo las aves se negaban a volver al agua si, tras siete inmersiones, el pescador no les daba la recompensa esperada.

Cigüeñas y genealogía molecular

En el capítulo sobre el cerebro ya hemos visto que las comparaciones genéticas entre especies permiten deducir su árbol genealógico. En el caso del cerebro de las aves, el árbol que expusimos se remonta hasta la separación del ancestro de las ratites (emúes, avestruces, casuarios y tinamúes) de todas las demás aves, hace cien millones de años. La filogenia molecular permite ir mucho más lejos, desde el último ancestro común de las aves y los mamíferos, hace trescientos diez millones de años, hasta el ancestro de todas las formas de vida, hace cuatro mil millones de años, que recibe el bonito nombre de LUCA, el *Last Universal Cellular Ancestor* ("Último Antepasado Celular Universal", pero que seguiremos llamando LUCA). El problema de estas técnicas, que son recientes, es que no siempre dan el mismo resultado. Imaginemos que Ancestry.com nos dice que tenemos un primo hasta ahora desconocido, para decirnos tres años más tarde que, en realidad, esa persona no está emparentada genéticamente con nosotros... Antes de 1970, las aves se clasificaban más o menos del mismo modo que Linneo en el siglo XVIII, basándose en características externas como el vuelo o la forma del pico. En la década de 1970, sin embargo, aparecieron las primeras técnicas moleculares y los estadounidenses Charles Sibley y Jon Ahlquist las utilizaron para revolucionar la clasificación de las aves. La técnica que utilizaron, la hibridación del ADN, difería de las actuales. No secuenciaban el ADN directamente, identificando cada elemento de la doble hélice como hacemos hoy, sino que fusionaban el ADN de dos especies, luego calentaban el conjunto y observaban la temperatura a la que se separaba el ADN de las dos especies: cuanto más alta era la temperatura, más parecido era el ADN de las dos especies. La ventaja del método molecular es que cuantifica con precisión el grado de divergencia entre especies. La antigua clasificación no lo permitía y creaba categorías más o menos arbitrarias que encajaban unas en otras por igual: las especies se agrupaban en géneros, que a su vez se agrupaban en familias, que a su vez se agrupaban en órdenes, todos con la misma distancia entre sí, lo que le confería más el aspecto de rastrillos anidados que de un árbol. Irónicamente, hacia el final de su vida, Jon Ahlquist se distanció de esta concepción del árbol genético único que tanto le había costado definir; se convirtió al creacionismo cristiano y dio la espalda al darwinismo.

El otro problema de la antigua clasificación era que las especies colocadas en el mismo grupo por su similitud podían haber evolucionado de forma independiente, sin estar relacionadas genéticamente. Por ejemplo, Linneo colocó águilas y halcones en el mismo orden porque tienen muchas características en común; colocó garzas y cigüeñas juntas, también por sus similitudes. De Linneo a Sibley y Ahlquist, son precisamente las cigüeñas las que han sufrido la mayor convulsión. De una simple especie que Linneo incluyó en el género de las garzas, las cigüeñas se convirtieron, en los años 70, en las abanderadas de un nuevo y enorme grupo, el orden Ciconiiformes, que incluía más de 1.000 especies en 30 familias, desde águilas hasta halcones y desde pelícanos hasta gaviotas. Sin embargo, en las décadas siguientes se abandonó la técnica de la hibridación del ADN y tomaron el relevo los estudios basados en las secuencias exactas de los elementos de la doble hélice. Desde entonces, nuevos estudios no han dejado de cambiar nuestra comprensión de las relaciones entre grupos de aves. Por ejemplo, Sibley y Ahlquist colocaron a halcones y águilas en el mismo megaorden que las cigüeñas, pero situaron a los loros muy lejos de cicónidos y paseriformes, tal y como estaban en el sistema de Linneo. Unos años más tarde, sin embargo, un nuevo estudio molecular situó a los loros muy cerca de los paseriformes y retiró a los halcones y las águilas del grupo de las cigüeñas. Luego se produjo otro vuelco: el estudio más reciente situó a los halcones muy cerca de los loros y los paseriformes, muy lejos de las águilas y los busardos.

¿Por qué resulta importante todo esto? Los loros y los paseriformes, sobre todo los córvidos, tienen varias características en común. Tienen cerebros grandes con muchas neuronas, son inteligentes y aprenden sus vocalizaciones por imitación. Si la genealogía molecular los sitúa en dos ramas vecinas, podemos suponer que fue el antepasado común y bastante reciente de estas ramas el que desarrolló los cambios que hoy caracterizan a sus descendientes. Si, por el contrario, loros y córvidos están en ramas muy distintas, separadas durante millones de años por ramas con cerebros pequeños y vocalizaciones tan innatas como el arrullo de una paloma o el cacareo de una gallina, la situación resulta más interesante: hay una evolución repetida e independiente de la misma combinación de rasgos, lo que nos anima a encontrar el beneficio y el contexto evolutivo en otro lugar y no en un único accidente en la historia. En resumen, es la coevolución repetida de la combinación de innovación y cerebro lo que nos lleva a los beneficios que proporciona.

El problema con estos estudios de genealogía molecular es que cada década tenemos una sorpresa. A veces oímos hablar de un descubrimiento científico en términos como "antes pensábamos que... pero ahora *sabemos* que...", lo cual resulta una forma muy ingenua de ver la ciencia. No podemos estar seguros de que la filogenia actual, la que ilustra el árbol del capítulo sobre los semilleros, sea la correcta. Los halcones y los loros aún podrían cambiar de lugar en el árbol de la vida, al igual que otros grupos, sobre todo en las ramas más recientes. Especies que antes se clasificaban en el mismo género, como el carbonero común, el herrerillo común, nuestros carboneros cabecinegros y nuestros herrerillos bicolores, se sitúan ahora en cuatro géneros diferentes debido a su ADN. Lo mejor que podemos hacer es ver si nuestras conclusiones se ven afectadas por estos nuevos descubrimientos; por el momento, los distintos rasgos

que se asocian a la innovación en las aves han resistido el cambio genealógico. Si algún día esto deja de ser así y todo depende de un único acontecimiento fortuito ocurrido hace cuarenta millones de años, no cambiará nuestro asombro ante la inteligencia de las aves, sino solo nuestra interpretación de su origen; sería menos plural de lo que creemos hoy, pero no menos asombrosa en su similitud con la de los primates.

Hoy en día, las cigüeñas ya no están en el centro de un orden de 1.000 especies y 30 familias, sino solas en su propio orden, que ahora solo contiene 19 especies, cuyo antepasado fue el primero en separarse del antepasado de pelícanos, garzas y alcatraces hace sesenta millones de años. Sin embargo, a diferencia de las gaviotas, cuyos parientes de las ramas más antiguas tienen cerebros pequeños, las cigüeñas tienen cerebros más grandes que todos sus parientes garzas y cormoranes. Jabirúes, marabúes y cigüeñas ostentan tres docenas de innovaciones entre ellos, con la cigüeña blanca, famosa por sus nidos en los tejados de Europa, encabezando la lista. La facilidad con la que las cigüeñas blancas han tolerado la proximidad de los humanos durante siglos (la foto de la pareja de cigüeñas fue tomada en un parque urbano en Cataluña) las lleva a comportamientos oportunistas, como seguir a los tractores en el campo. En el Instituto Max Planck de Alemania, las cigüeñas atrapan al vuelo a los gorriones mientras roban comida de sus comederos.

En África, los marabúes van aún más lejos: se sabe que algunos utilizan una rama para excavar en las grietas de un árbol caído y, lavándolas en un estanque, separan los escarabajos peloteros del conjunto de tierra y excrementos de elefante. A los autores de esta última observación les llamó la atención su parecido con la famosa innovación del lavado de patatas por parte de los macacos japoneses. Los marabúes también frecuentan vertederos públicos desde hace al menos medio siglo. Tienen una adaptación que parece protegerles un poco de los productos tóxicos que abundan allí: tienen la (buena) costumbre de vomitar las partes no digeribles de su comida. En un estudio realizado en Botsuana, se observó la presencia de bolsas de plástico y envases de poliestireno en la regurgitación de los marabúes, como era de esperar, así como restos de jabón, papel higiénico, cordeles, vendas, toallitas de maquillaje... e incluso un calcetín. A pesar de su capacidad para regurgitar muchos elementos nocivos, los marabúes se ven afectados por niveles peligrosos de metales como el hierro y el manganeso, según ha revelado un estudio de trazas en sus plumas.

Al igual que las garzas, los pelícanos y las cigüeñas, las gallinetas, pertenecientes a la familia *Rallidae*, juegan a dos bandas, pasando del medio acuático al terrestre cuando se presenta la ocasión. Los rálidos tienen cerebros tan pequeños como el de una golondrina o un indicador, pero varias especies de esta familia se encuentran en el 10 % de las más innovadoras. Algunos casos son espectaculares: en el Serengueti, se han visto polluelas negras africanas posarse en la espalda de hipopótamos que acaban de luchar y beber la sangre que mana de sus heridas; durante una helada en el norte de Inglaterra, un rascón europeo especialmente sanguinario mató a un gorrión común, un verderón y un gorrión molinero y se alimentó de cadáveres de páridos y jilgueros; en una isla del norte de Australia, una cotara australiana rompió conchas habitadas por cangrejos ermitaños contra piedras; también en Australia, Patrick-Jean Guay, antiguo alumno mío, ahora investigador en la Universidad Deakin de Melbourne, vio cómo unos calamones decapitaban a una cría de cisne; y también rascones europeos y gallinetas que robaban aves atrapadas en las redes japonesas de los ornitólogos como lo harían correcaminos y aves rapaces.

Innovar matando: aves rapaces

Vimos con anterioridad que Jane Goodall fue la primera científica que definió en 1985 la innovación animal y destacó su importancia para el estudio de la inteligencia en la naturaleza. Veinte años antes, había sido la primera científica en describir el uso de herramientas por parte de un ave rapaz, en una época en que el único caso conocido en aves era el del pinzón de Darwin carpintero. En 1966, Goodall vio cómo los alimoches comunes levantaban piedras con el pico y golpeaban huevos de avestruz hasta romperlos. Las rapaces podían volar hasta doscientos metros para coger una piedra del tamaño adecuado y la mayoría de las veces lanzaban las piedras a corta distancia sobre el cascarón. Fue un descubrimiento importante, pero como muchos "descubrimientos", incluido el descubrimiento del Nuevo Mundo por parte de Colón, solo era nuevo para la persona que lo anunciaba al resto de la humanidad. Los africanos debían de conocer este comportamiento del alimoche, pues ya había sido descrito en un artículo publicado en Sudáfrica en 1867 y en un libro publicado en 1877 por el reverendo J. G. Wood. En el Libro de Job, nos informa el buen reverendo, se menciona al avestruz y su deplorable costumbre de no cuidar sus huevos, "que las fieras salvajes pueden después romper". Y es golpeándolos con una piedra que las aves rapaces rompen los huevos, añade el reverendo, asegurando que el autor del Libro de Job "demuestra tener toda la razón en sus afirmaciones". El argumento del reverendo no es meramente zoológico: como subrayan tanto el título, *Wood's Bible Animals*, como el subtítulo (traducido), *Descripción de hábitos, estructuras y usos de todos los seres vivos mencionadas en las Escrituras*, ilustra el conflicto entre biología y religión, que desgraciadamente sigue entre nosotros y que merece un breve paréntesis antes de pasar a hablar de los alimoches.

El libro del reverendo Wood, que se complementa con un artículo sobre la evolución escrito por el reverendo James McCosh, presidente de la prestigiosa Universidad de Princeton, refleja una opinión que aún hoy prevalece: el creacionismo. En su versión extrema, el creacionismo asegura que la Tierra y todos sus organismos fueron creados hace seis mil años y que lo que hoy encontramos como fósiles y organismos extintos es el resultado del Diluvio. Una versión menos extrema intenta conciliar la Biblia y *El origen de las especies*: algunos creacionistas "modernos" dicen que la evolución sí existe, pero fue planeada desde el principio por un Creador inteligente. En Estados Unidos, los seguidores de este "Diseño inteligente" lo consideran una teoría alternativa válida a la darwiniana y, en un gran alarde de apertura mental, insisten en que ambos puntos de vista deben enseñarse en los cursos de ciencias. Dicen: "*teach the controversy*" ("enseñen la controversia"), limitándose por el momento a la biología, pero no dicen que se enseñen también la teoría de la Tierra plana y el geocentrismo (el Sol gira alrededor de la Tierra, no al revés...) en las clases de geografía...

Por supuesto, no hay nada malo en creer lo que queramos en el ámbito religioso; el problema surge cuando los religiosos insisten en invadir el ámbito de la ciencia. Uno de los intentos más enrevesados de lo que en Estados Unidos se conoce como *Creation Science* es la baraminología, en la que esta "ciencia" intenta documentar los cambios evolutivos y las relaciones genéticas (hasta aquí, todo bien...), no dentro del árbol de la vida, sino (y aquí es donde la cosa se pone peliaguda) en cepas bíblicas separadas, llamadas *baraminas*. La imagen del árbol de la vida hace referencia a la teoría contemporánea, en la que coinciden los biólogos, de que todos los organismos vivos descienden de nuestro *Last Universal Cellular Ancestor*. LUCA es el tronco original del árbol, según una visión basada en tres tipos de pruebas: el ADN, los fósiles y la clasificación (como hizo Linneo) de los organismos según sus características. Las tres apuntan a una diversidad de organismos, tanto presentes como extintos, pero todos descendientes de un único tronco ancestral, lo que podría cambiar algún día si descubrimos cepas independientes en el origen de los organismos actuales o incluso la aparición de formas de vida diferentes a la nuestra. Por el momento, sin embargo, no tenemos alternativa a un árbol con un único tronco.

Aquí es donde difieren los baraminólogos y lo hacen con pruebas supuestamente "científicas". Para los baraminólogos, no hay un solo LUCA, sino varios, tantos como el número de categorías de organismos creadas por Dios, según la Biblia. Su método principal, ya que sus seguidores publican numerosos artículos empíricos en la revista *Answers Research Journal*, consiste en mostrar discontinuidades en los árboles genéticos de los organismos vivos, siendo para ellos cada rama discontinuada una *baramina* bíblica. Esto es la "investigación" que Jon Ahlquist llevó a cabo tras su conversión al creacionismo cristiano. Preocupados por "ser científicos", los baraminólogos han desarrollado incluso técnicas estadísticas originales, como el programa BDIST, que cuantifica las diferencias entre tipos de animales. Ningún evolucionista negaría que estas diferencias existen: en cualquier árbol, hay conexiones entre ramas, pero también grandes huecos entre ellas y el árbol de la vida no es diferente; salvo que los evolucionistas tienen teorías y datos empíricos para las conexiones (descendencia de un LUCA único) y para los huecos (entre otras cosas, la divergencia competitiva que empuja a los organismos a evolucionar en diferentes direcciones y va en contra de las formas intermedias). Los baraminólogos solo buscan lagunas, independientemente del tronco común.

Pero volvamos a los huevos de avestruz de Goodall: en Tanzania la científica vio a los alimoches romper huevos de avestruz con piedras. Otros han observado a alimoches utilizando piedras contra huevos de buitre en España, de gallina en Bulgaria y de avestruz en Israel (en este último caso, los cuervos esperaban cerca de los huevos, que ellos mismos no podían romper ni llevarse, hasta que llegaba un alimoche y, una vez roto el huevo, los cuervos ahuyentaban a la rapaz y se comían el huevo). Así pues, el comportamiento parece estar bastante extendido, hasta el punto de que, como en el caso de los pinzones de Darwin y los zorzales, cabe preguntarse si es innato, aprendido por cada individuo, o transmitido socialmente de padres a hijos.

Esto es lo que intentaron averiguar unos investigadores ofreciendo piedras y huevos reales y falsos a alimoches en España y Kenia. De 152 individuos observados en España, solo 32 manipularon piedras y 23 rompieron huevos. No había ningún vínculo genético, ni entre padres e hijos, entre las aves que usaron piedras. Si el comportamiento se transmitiera socialmente, deberíamos ver grupos familiares de usuarios y no usuarios; en Australia la madre delfín transmite a sus crías a proteger su hocico con esponjas cuando buscan presas en grietas marinas. En Kenia, unos investigadores ofrecieron piedras y huevos falsos de distintos tamaños y formas a alimoches en libertad. Ante los "huevos" de gallina, las rapaces no se interesaron por las piedras e intentaron romper la "cáscara" con el pico. Con los "huevos" de avestruz, sin embargo, primero cogieron una piedra, normalmente una redonda de tamaño medio, y la utilizaron para intentar romper la "cáscara" en lugar del pico. La tasa de "éxito" (los huevos falsos no pueden romperse) del uso de piedras varía enormemente: algunos individuos en Kenia tuvieron éxito en el 50-60 % de sus ataques contra un huevo, mientras que otros fallaban su objetivo cada vez. Así que, en general, los alimoches parecen "saber" qué hacer con un huevo de avestruz, pero su propensión a usar piedras y su habilidad una vez que empiezan varía mucho.

¿Y los jóvenes? ¿Saben qué hacer la primera vez que ven un huevo de avestruz? Los investigadores de Kenia ofrecieron "huevos" falsos a una joven ave criada en cautividad que nunca había visto a un alimoche adulto romper huevos. Los investigadores le dieron primero un huevo de gallina dentro del cascarón roto de un "huevo" de avestruz falso. A continuación, en cuanto se le presentó un "huevo" de avestruz intacto, la joven ave cogió guijarros y los lanzó contra el huevo. Sus cinco primeros lanzamientos no dieron en el blanco, pero aprendió rápidamente y logró nueve lanzamientos seguidos. Por tanto, obtenemos la misma respuesta que con los pinzones de Darwin: el comportamiento no es utilizado por todos los individuos, sino que la información parece estar disponibles de forma innata desde la infancia y se mejora posteriormente mediante ensayo y error.

El milano pechinegro es la única otra rapaz que utiliza piedras para romper huevos y vive en Australia. Se alimenta de los huevos del equivalente local del avestruz, el emú. Su técnica es similar a la del alimoche y, como éste, elige piedras de tamaño medio; la precisión de sus lanzamientos es inicialmente imperfecta, pero mejora con el tiempo.

Otra ave rapaz africana, el quebrantahuesos, también aplasta su comida con piedras, pero a diferencia del alimoche, arroja a la presa sobre la roca y no al revés. Esta es una especialidad de los quebrantahuesos, que se alimentan principalmente de huesos. Cuando se les da a elegir entre huesos y carne fresca, prefieren los huesos. Un quebrantahuesos suele llegar a un cadáver después que los demás depredadores (leones, hienas y buitres) y se lleva los huesos, el tuétano, la piel y la poca carne que han dejado los demás; esto puede parecer escaso, pero los estudios han demostrado que hay un 15 % más de energía en estos restos que en una cantidad equivalente de carne pura. Rompen los huesos pequeños con el pico, mientras que lanzan los grandes sobre rocas planas desde unos cincuenta metros de altura. A diferencia de los fallos del alimoche, la precisión del quebrantahuesos es casi perfecta: necesita hasta 20 lanzamientos por hueso para alcanzar la médula y los pequeños fragmentos que puede ingerir. El único problema de esta técnica es que atrae a los piratas: al dejar caer su presa sobre una roca, pierde momentáneamente el control sobre ella, por lo que resulta fácil que un cuervo o un buitre leonado, que vigilan a los quebrantahuesos, desciendan sobre el osario antes que el lanzador. El quebrantahuesos devuelve el favor, pues vigila las rutas de otros carroñeros y llega a los cadáveres cuando ya no hay competencia, siendo el único capaz de saciarse con los huesos. Estos huesos no son fáciles de digerir, pero su estómago segrega una gran cantidad de ácido para hacerlo. Y al igual que el alimoche joven, un quebrantahuesos joven sin experiencia individual o social sabe qué hacer en cuanto entra en contacto con un cadáver. Las aves jóvenes criadas en cautividad utilizan esta técnica en cuanto son reintroducidas en la naturaleza.

Si comparamos su ADN, el quebrantahuesos y el alimoche son parientes muy cercanos. Además de su aspecto "rompedor", también comparten un comportamiento mucho más delicado: el maquillaje. De hecho, el quebrantahuesos y el alimoche son los únicos animales que utilizan el ocre ferroso para realzar el color de su plumaje. En sentido estricto, no se trata de una innovación alimentaria, a diferencia de los loros amazónicos que ingieren arcilla rica en sodio como suplemento mineral; lo que hacen estas dos rapaces es bañarse en charcos de barro que contienen una alta concentración de óxido de hierro, lo que confiere a su plumaje un color anaranjado. Los biólogos han barajado dos posibilidades para la función de este maquillaje: el ocre podría ser un fármaco antibacteriano o una decoración social. Los carroñeros están expuestos a un gran número de patógenos asociados a la carne en descomposición, razón por la cual muchos carroñeros no tienen plumas alrededor del pico. Si el óxido de hierro mata estas bacterias, bañarse en charcos de lodo ocre puede actuar como antiséptico. Por ello, unos investigadores españoles recogieron plumas teñidas en mayor o menor grado con óxido de hierro en lugares donde las aves se habían bañado en lodo y cultivaron bacterias en soluciones a las que añadieron ocre ferroso. En ambos casos, el ocre no supuso ninguna diferencia: las plumas más pálidas se degradaron con la misma rapidez que las más anaranjadas y la adición de óxido ferroso no ralentizó el crecimiento de las bacterias. En libertad, las parejas más pálidas tienen tantas crías sanas como las más anaranjadas, lo que sugiere que no transmiten más enfermedades al nido.

La otra hipótesis, la decoración social, es más plausible, ya que, en las aves, los colores producidos por los carotenoides (las plumas rojas, naranjas y amarillas), son muy apreciados en las interacciones sexuales y agresivas; estos pigmentos no son sintetizados por la fisiología del animal, sino que deben ser ingeridos. Los investigadores creen que estos colores señalan la capacidad del individuo para encontrar alimentos raros que contribuyen a una buena salud inmunitaria: en los humanos, a menudo se pregonan los beneficios inmunitarios de los suplementos de betacaroteno. Para un quebrantahuesos, las fuentes alimentarias de carotenoides son prácticamente inexistentes; mucho calcio en los huesos, por supuesto, pero nada de frutos rojos y mucho menos zanahorias... Por eso se cree que el quebrantahueso, cuyo color natural del pecho es más bien pálido, compensa las carencias de su dieta dándose baños de lodo y presentando a sus congéneres, tanto competidores como parejas sexuales, el color que les gusta: los quebrantahuesos que son más viejos, más dominantes y tienen más cópulas son los que tienen la cara y el pecho más anaranjados.

Los alimoches tienen una dieta menos restringida que los quebrantahuesos y tienen acceso a los carotenoides de las yemas de huevo y los excrementos de vacas, ovejas y cabras. Sin embargo, también se bañan en lodo rojo. En las Islas Canarias, unos investigadores ofrecieron lodo de ocre ferroso a los alimoches que estudiaban en libertad desde hacía veinte años; casi todas las aves se abalanzaron sobre el lodo rojo y se lo untaron en la cara y el pecho del mismo modo que los quebrantahuesos. En este grupo, sin embargo, los investigadores no encontraron ninguna relación entre el estatus del ave y su coloración. Tampoco se ha investigado la función medicinal del ocre en esta especie, así que por el momento tenemos que limitarnos a simples observaciones de las Islas Canarias. Hay que decir que la incorporación de sustancias externas por parte de las aves para tratar parásitos en su plumaje es conocida desde hace mucho tiempo: existe incluso un término dedicado a esta actividad, "*anting*", en inglés, que se refiere a la aplicación de hormigas en las plumas. El ácido fórmico que segregan las hormigas es eficaz contra garrapatas, pulgas y otros parásitos de las plumas. Aunque las hormigas son el repelente de pulgas favorito de las aves, algunas especies innovadoras son tan creativas con su aseo como con su alimentación; se han visto zanates y gorriones acicalándose con bolas de naftalina, cal, caléndula e incluso colillas de cigarrillos como repelentes de plagas. Y entre las aves cuya curiosidad estuvo a punto de matarlos figuran los dos zanates observados por Leo Borgelt, que decidieron tragarse una bola de naftalina tras acicalarse con ella y parecían "*very sick*", anotó Borgelt...

Hemos visto antes que el quebrantahuesos y el alimoche son los únicos animales que se maquillan deliberadamente con ocre ferroso. Los únicos animales, pero sin olvidar que nosotros y nuestros antepasados somos y siempre hemos sido animales. El ocre se utiliza en la mayoría de las pinturas rupestres y como decoración corporal en muchos pueblos. Los paleontólogos exponen que los vestigios más antiguos del uso humano del ocre datan de hace setenta y tres mil años, en Sudáfrica; también se han encontrado trozos de ocre en un yacimiento ocupado por homínidos en Kenia hace doscientos ochenta y cinco mil años. No es descabellado pensar que nuestros antepasados tuvieran la idea de utilizar el ocre ferroso tras ver a las aves rapaces usarlo. Desde las plumas de águilas y quetzales hasta los cascos de los cálaos, pasando por las colas de pavos reales y alas de avestruces, las aves nos han servido de modelos ornamentales a lo largo de la historia. Sin embargo, hay un mensaje importante tras el maquillaje de las aves rapaces: nada nos dice que tengan conciencia simbólica de su "arte", así que debemos tener cuidado al interpretar los primeros adornos de nuestros antepasados como prueba de un pensamiento simbólico. En un principio, pudo tratarse de una simple señal de estatus que, como en el caso de los quebrantahuesos, realzaba la posición social de su portador, un poco como el bronceado hoy en día (pero no en siglos pasados). Más tarde, se añadió a estos ornamentos todo un aparato simbólico y la pluma de águila pasó a ser el Espíritu del Pájaro.

El uso de piedras por parte de quebrantahuesos y alimoches es ciertamente espectacular, pero pertenece a una categoría particular de innovaciones que ya hemos analizado en el capítulo sobre los pinzones de Darwin: las que probablemente han sufrido un proceso de asimilación genética. Es difícil imaginar que la primera vez que un alimoche utilizó una piedra o que un pinzón de Darwin utilizó una ramita pueda corresponder a otra cosa que no sea una invención individual; probablemente no sea el producto de una mutación genética repentina, sino de una simple variación de comportamiento. Si la supervivencia y el éxito reproductivo del innovador y sus descendientes dependen de esta invención, la selección natural favorecerá, de una generación a otra, las variantes genéticas que hagan más eficaz la innovación hasta que toda la población en las mismas condiciones manifieste el comportamiento. Rigurosamente hablando, hoy ya no se trata de una innovación inventada sobre la marcha, sino de la continuación, ahora asimilada en el genoma, de una innovación que inicialmente no era más que un nuevo comportamiento codificado en las conexiones neuronales y no en el ADN. A menudo existe una delgada línea entre ambos tipos de innovación.

Aparte del uso de herramientas como la piedra, las innovaciones de las aves rapaces son sobre todo variaciones insólitas en sus técnicas de caza; entre los gavilanes, por ejemplo, se han observado individuos matar a su presa (focha, estornino, urraca, arrendajo) manteniéndola bajo el agua para ahogarla, aprovechar el humo de una quema para capturar pájaros desorientados, acercarse a ingenuas golondrinas imitando el vuelo de un zorzal, colgarse debajo de una reja de protección contra las ardillas de un comedero para cazar a un párido... La otra innovación que suele sorprender a los observadores es cuando dos o más individuos cooperan para atrapar a una presa, asumiendo diferentes papeles en el acecho o conduciendo la presa hacia el otro atacante.

La especie que ostenta las mejores estrategias cooperativas es el busardo mixto, cuyos grupos buscan a sus presas coordinando sus vuelos y periodos de vigilancia; una vez detectada la presa, la captura se realiza también de manera cooperativa, combinando varias direcciones y tácticas de ataque por parte de distintos individuos. En 2019, un equipo multinacional dirigido por el iraní Ali Asghar Heidari se inspiró en este comportamiento e inventó un algoritmo aplicable a multitud de problemas de ingeniería e inteligencia artificial. El programa, llamado Harris Hawk Optimizer, ha demostrado ser más eficaz que otros algoritmos a la hora de resolver una serie de problemas clásicos de ingeniería e informática. En el momento de escribir estas líneas, el artículo de Heidari y sus colegas había recibido ya más de 3.000 citas. El algoritmo se ha aplicado en Turquía en la supresión de armónicos en motores de tren, en Vietnam en la optimización del transporte rodado en minas a cielo abierto, en Irán en la capacidad de carga de columnas de hormigón armado en espiral y en China en la producción de energía a partir de gradientes de salinidad mediante ósmosis por presión retardada.

Lo más extraño es que Heidari y sus colegas citan mis artículos sobre innovaciones como punto de partida de su idea. Nunca se me ocurrió que las preguntas que planteamos en este libro —"¿Son inteligentes las aves y, en caso afirmativo, han llegado a serlo gracias a la evolución convergente con nosotros y nuestros primos primates?"— pudieran tener aplicaciones prácticas. No insinuaré que mañana podremos tomar pastillas de NMDA 2B y resolver nuestros problemas como un semillero barbadense o encontrar dónde están las llaves del coche tan rápido como un carbonero palustre... Los farmacólogos aún no se inspiran en nuestro trabajo, pero los informáticos sí: un equipo de la Universidad Tufts (Massachusetts) utilizó las pruebas de resolución de problemas a las que sometemos a las aves para desarrollar robots creativos. Evana Gizzi, ahora en la NASA, y Jivko Sinapov se preguntaron cómo un robot podía dar una nueva solución a un problema para el que no estaba programado. Al igual que nuestras aves, el robot tenía que acceder a un objeto situado detrás de una barrera. Gizzi y Sinapov descompusieron las acciones preprogramadas del robot y le permitieron hacer lo que ellos llaman "balbuceo conductual", es decir, probar distintas combinaciones posibles de elementos de acción y aprender de este ensayo-error utilizando la inteligencia artificial. Nuestras aves resuelven este tipo de problemas del mismo modo que el robot: primero utilizan gestos que conocen bien y luego, cuando fallan, prueban otros que se parecen al primer gesto, hasta que uno de ellos funciona. En su trabajo de doctorado en mi laboratorio de Barbados, Sarah Overington, ahora directora de Promoción Científica del Consejo de Investigación de Ciencias Naturales e Ingeniería de Ottawa (Canadá), descompuso los gestos que hacen los zanates para resolver la clásica prueba de eliminación de obstáculos. Inicialmente, todos los individuos picotean la parte del obstáculo bajo la cual se ve la comida. Algunos persisten en este comportamiento, que no conduce a ninguna parte, mientras que otros empiezan a variar la orientación de sus picotazos. Tarde o temprano se encuentran con una parte móvil y repiten este comportamiento hasta que el obstáculo desaparece, como el robot de Evana Gizzi. Las investigaciones de la australiana Andrea Griffin con siete especies, desde el miná común hasta el verdugo, confirman que la clave del éxito en este tipo de problemas es probar una gran variedad de gestos.

Los robots innovadores dan un poco más de miedo que estas aves cuando los posibles excesos de la inteligencia artificial nos plantean ciertos problemas. Hasta ahora, la evolución no ha producido ningún animal, aparte de nosotros, cuya inteligencia "no artificial" presente graves peligros. La evolución sí que nos ha enviado carnívoros de dientes afilados, serpientes llenas de veneno, bacterias, virus y gusanos dispuestos a devorarnos por dentro, pero de momento, ningún cuervo diabólico capaz de manipularnos para dominar la Tierra y sustituirnos como amos del universo...

La personalidad que fomenta la innovación

Dejemos atrás los robots y volvamos a nuestras aves. El término *rapaz*, tal como lo utilizamos aquí, no es tanto una categoría filogenética como la descripción de un modo de vida que ha dado lugar a mucha evolución convergente, es decir, a similitudes en las soluciones encontradas a problemas similares en grupos independientes de animales. Hace veinte años, todas las rapaces diurnas se clasificaban en el mismo orden, una de las divisiones más altas, es decir, más antiguas, de las aves. En la actualidad, los biólogos las clasifican en tres órdenes distintos: águilas, busardos, milanos y buitres del Viejo Mundo en el orden Accipitriformes, zopilotes y otros buitres del Nuevo Mundo en el orden Cathartiformes y halcones en el orden Falconiformes. Las rapaces nocturnas tienen un cuarto orden propio, Strigiformes.

En conjunto, los tres órdenes de rapaces diurnas presentan tasas de innovación muy elevadas. Sus cerebros también están por encima de la media de las aves, aunque sean más pequeños que los de loros y córvidos. El caracara austral, por ejemplo, tiene cinco veces más neuronas en el palio que una pintada del mismo peso corporal; en un rango de peso entre 500 y 700 gramos, un halcón peregrino tiene casi ocho veces más neuronas en el palio que un tinamú, pero tres veces menos que un kea, una especie de loro. Los búhos tienen aún más neuronas, pero la región visual del palio, el hiperpalio, es la dominante y la que les permite su extraordinaria visión nocturna. Casi no disponemos de innovaciones en búhos ni de otras aves nocturnas como kiwis o nictibios, que duermen durante el día, por tanto, es muy difícil observar su comportamiento alimentario, ya sea normal o innovador. Por este motivo, excluimos a las aves nocturnas de nuestra base de datos desde el inicio. Aunque no resulte cuantificable, sí que hay que hacer una mención especial al mochuelo de madriguera, que es diurno y, por tanto, más fácil de observar: para atraer a los escarabajos peloteros, insectos que se pasan la vida enrollando bolas de estiércol de vaca para alimentar a sus larvas, los mochuelos depositan estiércol de mamíferos cerca de la entrada de sus madrigueras; el mochuelo que utiliza estos señuelos de estiércol puede comer diez veces más insectos que uno que no lo hace. En Brasilia, un joven mochuelo inventó una variante algo más fina de este comportamiento: coloca trozos de papel higiénico cerca de la entrada de su madriguera...

Aunque los quebrantahuesos suelen utilizar rocas como superficie donde soltar a sus presas para romperlas, se ha observado a otras rapaces hacer lo mismo. En Israel, se vio a un águila pescadora arrojar caracolas sobre un bidón lleno de cemento y a un águila real lanzar más de cien tortugas desde el aire para romperlas. En Grecia, las tortugas son, de hecho, alimento habitual de águilas reales, águilas imperiales orientales y culebreras europeas. De esta última viene la leyenda de la muerte del gran autor de tragedias griego Esquilo: era calvo y se cuenta que un águila confundió su cráneo desnudo con una roca y dejó caer una tortuga sobre él, matando al desafortunado escritor.

Se ha observado en otras ocasiones cómo las rapaces utilizan a los humanos para cazar: águilas en Colorado que se sienten atraídas por los disparos de los rancheros que cazan perritos de las praderas; un aguilucho que aprovecha un campo de tiro en los que aviones de la marina estadounidense lanzan bombas de entrenamiento y cazan a los animales que huyen del lugar; un halcón peregrino en Alemania que aprovecha el paso de un tren por el bosque para cazar a las

aves desorientadas; un águila pescadora que se posa en un barco en medio del océano Pacífico, a dos mil quinientos metros de la costa de Costa Rica, y espera a que los peces voladores huyan delante del barco para cazarlos; aguiluchos cenizos, cernícalos y caracaras que siguen la maquinaria agrícola y atrapan a los roedores que escapan a los campos... También se han visto águilas pescadoras robando peces que la gente saca del agua y coloca sobre el hielo. Y no siempre necesitan a los humanos, ya que en Arizona abren grietas para sacar peces de lagos helados saltando repetidamente sobre el hielo o haciendo pequeños agujeros con el pico.

Los caracaras, un grupo de nueve especies de falconiformes que viven principalmente en Sudamérica, son las aves rapaces mejor estudiadas en cautividad, gracias a los experimentos realizados por investigadores argentinos. En libertad, los caracaras tienen una tasa de innovación superior a la de otros falconiformes si tenemos en cuenta dónde viven y la cantidad de investigaciones que se le dedican. Los caracaras tienen cuatro veces menos innovaciones que los halcones del género *Falco*, 35 frente a 148, pero también tienen cuatro veces menos especies y, sobre todo, están cincuenta veces menos estudiados. Esto se debe en parte a que los caracaras viven en regiones de más difícil acceso que los halcones y a que en el Neotrópico trabajan menos investigadores que en Europa Occidental y Norteamérica. Una de las innovaciones más desagradables de los caracaras es la práctica de acosar a los zopilotes en vuelo hasta que regurgitan en el suelo la carroña que acaban de comer: los caracaras se lanzan entonces en picado para atrapar al vuelo el vómito a medio digerir de sus víctimas. Lo que vomita el zopilote puede haberlo vomitado ya otro individuo: en Ohio, se vio a un zopilote golpear a garzas jóvenes en su nido hasta hacerlas vomitar, tragándose luego estas delicias para regurgitárselas a sus propias crías. Y otra habilidad al mismo nivel que el vómito carroñero: los caracaras australes también saborean la mucosidad de las fosas nasales de los elefantes marinos.

Como vimos antes, varias aves han aprovechado la expansión de las ciudades en todo el mundo; en Sudamérica, los caracaras son una de ellas. La bióloga Laura Biondi y su equipo capturaron caracaras en la ciudad argentina de Mar del Plata, en los suburbios costeros y en una zona rural cercana. Después sometieron a los adultos y a los jóvenes a toda una batería de pruebas: al igual que los semilleros y los páridos que mencionamos antes, los caracaras tuvieron que resolver problemas de eliminación de obstáculos, pero Laura Biondi tuvo en cuenta comportamientos que podrían fomentar o bloquear la innovación en la ciudad. Para abrir una botella de leche como un párido o una bolsa de basura como un caracara urbano, había que hacer tres cosas: controlar el miedo a los humanos para poder acercarse a la comida, atreverse a acercarse a un objeto desconocido que podría ser peligroso y explorar ese objeto para conocer las propiedades que podrían conducir a su apertura. La distancia de huida, la neofobia (del griego "miedo a la novedad") y el atrevimiento exploratorio son tres medidas que pueden aplicarse fácilmente a un animal, además de estudiar su capacidad para resolver problemas. Para la distancia de huida, el investigador se acerca lentamente a un animal en libertad y marca la distancia entre él y el animal cuando éste huye. Para la neofobia, el investigador ofrece comida a un animal en libertad o en cautividad; cuando el animal empieza a comer, el humano lo interrumpe suavemente y coloca un nuevo objeto junto a la comida o finge hacerlo antes de volver a una distancia segura. A continuación, se mide el tiempo que tarda el animal en volver a comer; la diferencia entre el tiempo empleado en los ensayos con y sin el nuevo objeto mide la neofobia. Para la audacia exploratoria, se ofrecen objetos al animal y se mide el tiempo que tarda en acercarse y manipularlos; en cautividad, también se puede ofrecer al animal una jaula nueva y medir el tiempo que tarda en entrar en ella y cuántos lugares visita. Desde hace unos veinte años, existe toda una literatura científica sobre las diferencias individuales y lo que se conoce como "personalidad" animal. El continuo de la personalidad, que va de la audacia a la timidez extrema (en inglés, *bold* y *shy*) en estas pruebas exploratorias, es una de las dimensiones más estudiadas. Como cabía esperar, los caracaras urbanos, en comparación con los de los suburbios y las zonas rurales, dejan que un humano se acerque antes de huir, regresan más rápidamente a un alimento cerca del cual se ha colocado un nuevo objeto, exploran más los objetos que se les ofrecen y resuelven más rápidamente los problemas de eliminación de obstáculos. Las aves jóvenes suelen ser más rápidas que las adultas en estas pruebas y, al igual que los páridos, aprenden rápidamente cuando un demostrador previamente entrenado les muestra cómo eliminar un obstáculo para acceder a la comida.

Los cerebros más grandes: los loros

En el siglo XIX, los neozelandeses pensaron que sería una buena idea importar conejos de Europa para la caza, la peletería y la alimentación. Los conejos también lo encontraron una idea excelente y unas décadas después se habían reproducido por millones, sobre todo en la Isla Sur, dañando los pastos de los que depende el ganado ovino, crucial para el país. Como la gente rara vez aprende de sus errores, los neozelandeses recurrieron a otra importación para resolver su primer problema, esta vez armiños que supuestamente mataban conejos. Los armiños hicieron precisamente eso. Pero junto con ratas, hurones, cuscuses de Australia y otros depredadores importados, también mataron a millones de aves que nunca se habían enfrentado a este tipo de enemigo en su historia evolutiva, ya que Nueva Zelanda había permanecido casi aislada del resto del mundo. Una de las aves más vulnerables era el kākāpō, un loro nocturno no volador, del que hoy solo quedan 200 ejemplares. Por ello, los neozelandeses tuvieron que poner en marcha un programa de control de armiños (afortunadamente, dejaron de importar más depredadores) mediante trampas.

Aquí es donde entra en juego el pariente innovador del kākāpō, el kea (los nombres comunes de los animales neozelandeses suelen tomarse del maorí, la lengua del pueblo que colonizó el país antes que los ingleses). A diferencia del kākāpō, que es tímido y se alimenta de plantas, el kea es explorador y omnívoro, a veces come carroña y también, aunque muy raramente, grasa, que toma por la noche perforando la piel del lomo de las ovejas. Aunque sea carnívoro, el kea no ha vengado a su primo kākāpō atacando a los armiños por el lomo, pero es lo suficientemente innovador como para haberse dado cuenta de que en las trampas para mamíferos hay comida interesante que sirve de cebo, sobre todo huevos. Desde el inicio del programa de control, los biólogos vieron que en las trampas para armiños faltaban huevos. Tras colocar cámaras cerca de las trampas, comprobaron que los ladrones eran keas. A lo largo de los años, el ingenio de los keas se ha adaptado a las diversas modificaciones realizadas por los biólogos. Al principio del programa, los keas volcaban la trampa para que el huevo se rompiera y cuando, en 2007, los biólogos fijaron las trampas al suelo para evitar que las aves las movieran, los keas empezaron a cavar alrededor para poder volcarlas igualmente. Hacia 2009, los biólogos empezaron a encontrar palos en las trampas, que habían servido para activarlas y acceder a los huevos. Cuando cambiaron la malla metálica que cubría la trampa para que ya no pudieran introducir un palo, los keas simplemente cortaron varillas de la nueva malla y accionaron la trampa con ellas. Desde 2018, parece que las numerosas modificaciones que los biólogos introdujeron en sus trampas acabaron por superar el ingenio de los keas. Sin embargo, la sucesiva innovación de técnicas cada vez más sofisticadas para contrarrestar las modificaciones realizadas por los biólogos nos ha proporcionado datos cruciales sobre la inteligencia de estas aves. Los vídeos nos muestran a keas modificando un palo encontrado *in situ* acortándolo y quitándole ramas laterales. Se observó cómo introducían palos en 227 trampas distintas, separadas por distancias de hasta veintisiete kilómetros en la aislada región de las montañas Murchison. Lo más interesante es que el uso de herramientas en libertad por parte del kea nunca se había visto antes, por lo que pudimos documentar la historia completa de una innovación.

Al principio de este libro alabamos la inteligencia, el oportunismo y la capacidad invasora de los cuervos. En el próximo capítulo veremos cómo los cuervos de Nueva Caledonia proporcionan, en libertad y en cautividad, las pruebas más espectaculares de la inteligencia aviar. Sin embargo, los loros son los que tienen el cerebro más grande y han tenido durante mucho tiempo la reputación de ser las aves más inteligentes gracias a sus dotes lingüísticas y a la facilidad que tienen para interactuar con los humanos en cautividad. En libertad es otra historia: muchos loros viven en zonas de difícil acceso, las selvas de Sudamérica en el caso de guacamayos y amazonas, los bosques de África Central en el caso del loro yaco, conocido como gris africano. Por tanto, es más difícil observarlos, a diferencia de cuervos y cornejas, que están por todas partes y se les ve y oye muy fácilmente. En general, la tasa de innovación de los loros es por tanto mucho menor que la de los córvidos, pero podría deberse en parte a las dificultades de observación.

Para contrarrestar esta limitación, hay que recurrir a los loros más accesibles, las cotorras asiáticas o australianas, y al miembro más extrovertido del orden, el kea. Los neozelandeses lo llaman el "payaso de las montañas" porque es curioso, explorador y desvergonzado con los humanos. Abre las mochilas de los turistas, roba picnics, mordisquea los limpiaparabrisas de los vehículos y se va con las cámaras. Los robos de comida que salen mal incluyen el caso de un kea que se tragó una tableta de chocolate negro de un turista y murió por sobredosis de metilxantinas, componentes del cacao, que dañaron sus riñones, hígado y cerebro.

En ocasiones, los keas pueden convertirse en formidables depredadores: no solo interfieren con la captura de armiños, sino que su dieta carnívora también puede convertirlos en competidores de estos mamíferos. La pardela de Hutton se reproduce excavando madrigueras en las laderas de las regiones montañosas de Nueva Zelanda, aunque esto no las protege de los keas, que agrandan la entrada de la madriguera y se abren paso hasta el nido y luego matan a las crías rompiéndoles el cráneo y consumiendo la grasa como hacen con el lomo de las ovejas. Se ha observado otra innovación cerca de un hotel de la aldea de Mount Cook: allí, los keas macho escarban en los grandes cubos de basura porque son más grandes que las hembras y cuentan con el tamaño y la fuerza necesarios para balancear la tapa de un cubo colocándose encima del cubo vecino.

Antes de que los biólogos encontraran palos en sus trampas para armiños, no se conocían casos de utilización de herramientas por parte de keas en libertad. Sin embargo, dada su curiosidad y la facilidad con la que se adaptan al cautiverio, el equipo vienés que observó la apertura de cubos de basura en Mount Cook sometió a keas cautivos a pruebas de eliminación de obstáculos con herramientas. Una de las ventajas de los keas para este tipo de investigación es que no construyen nidos, sino que ponen sus huevos en el suelo, en una cavidad de un árbol o una roca. Si un ave está acostumbrada a manipular ramitas cuando construye su nido, podría facilitarle el uso de esas mismas ramitas como herramienta para encontrar comida. Los keas no tienen esta facilidad, ya que no construyen sus nidos, sino que los encuentran. Por eso los investigadores se sorprendieron al ver la flexibilidad de los keas en las pruebas de eliminación de obstáculos en las que disponían de diferentes herramientas para resolver el problema. Ya fuera introduciendo un palo o una bolita, tirando de una cuerda o girando una trampilla, la rapidez con la que los keas exploraban las distintas posibilidades y cambiaban de herramienta una vez que los investigadores habían bloqueado la solución que funcionaba con la herramienta anterior era asombrosa.

El kea forma parte de una superfamilia bastante distante de otros loros y fue la primera en separarse de las otras ramas del orden, hace quizá ochenta millones de años. El kea tiene una especie hermana en Nueva Zelanda, el kaka, y una especie prima, el kākāpō. Esta última es estrictamente herbívora y no presenta innovaciones conocidas. En cambio, el kaka se alimenta de néctar, insectos y frutos, pero también de savia, que obtiene arrancando trozos de corteza y perforando decenas de agujeritos en la capa de cámbium que recubre el tronco. En algunas regiones, han inventado una técnica más compleja, que consiste en agarrarse boca abajo al tronco del árbol, recortar un gran rectángulo de corteza y girarlo como una trampilla, para luego perforar hileras de agujeros por los que fluirá la savia.

Mientras que el kea muestra cualidades cognitivas excepcionales en cautividad, la cacatúa de las Tanimbar, otro loro, se utiliza cada vez más en estudios sobre inteligencia animal. Esta especie está amenazada en su área de distribución natural, el archipiélago de Tanimbar, en la India. Afortunadamente, la cacatúa es muy popular como ave de compañía y se reproduce bien en cautividad. Ahora que la captura en las islas Tanimbar está prohibida, la población domesticada constituye un buen reservorio para estudios en pajareras y para la eventual repoblación de la zona nativa. La población más interesante en este momento es la que se ha establecido en Singapur. Surgida de individuos que se escaparon o fueron liberados deliberadamente, está presente casi en todas partes desde 1970 en los parques y arboledas de este país, uno de los más pequeños y densamente poblados del mundo. En 2016 se observó por primera vez en el islote de Sentosa a una cacatúa de las Tanimbar utilizando una herramienta en libertad: el ave intentaba alcanzar la carne del interior de un coco que una ardilla probablemente había abierto con los dientes; la cacatúa rompió una ramita y la introdujo en la apertura de la nuez. También se han visto cacatúas de las Tanimbar fabricando herramientas espontáneamente en cautividad: en la Universidad de Medicina Veterinaria de Viena, un macho del laboratorio de la bióloga austriaca Alice Auersperg cogió un trozo de madera de la percha de su pajarera y lo utilizó como rastrillo para acercar hacia él nueces que había fuera de la jaula. Una hembra que le vio hacer esto también empezó a fabricar herramientas similares. Aparte de este caso de uso de herramientas, las cacatúas de Singapur han desarrollado principalmente innovaciones que implican la ingesta de frutas verdes (papayas, carambolas) cuyas cáscaras son demasiado duras para otras especies. En Singapur, uno de estos frutos crece en una planta conocida como "árbol suicida", porque sus semillas, que las cacatúas evitan al comer solo la pulpa, contienen un potente veneno.

Entre las aves, los loros tienen el cerebro más grande en relación con el tamaño de su cuerpo, el palio más grande y el mayor número de neuronas. En este sentido, superan incluso a los cuervos. Recordemos las distintas formas de comparar cerebros que hemos visto en este libro. Un kea, por ejemplo, tiene más de 2.000 millones de neuronas en el cerebro, incluidos 1.280 millones en el palio; es decir, veinte veces más que un urogallo de peso corporal equivalente. La cacatúa de las Tanimbar, tres veces más pequeña que el kea, tiene 600 millones de neuronas en el palio y el doble en todo el cerebro. De todas las aves estudiadas hasta ahora por el equipo de Pavel Němec, el guacamayo azuliamarillo es el campeón de neuronas paliales, con 1.917 millones, es decir, 700 millones más que un cuervo de peso equivalente. No todos los loros alcanzan cifras tan imponentes: las cotorras y los inseparables suelen tener cerebros mucho más pequeños y menos neuronas paliales que las aratingas y los amazonas, que a su vez tienen cerebros más pequeños que los keas y los grises africanos, que a su vez son superados por las cacatúas y los guacamayos.

Lo sorprendente es que los loros más inteligentes superan a los simios en número de neuronas: el macaco de Madrás pesa 8 kilos, pero solo tiene 1.655 millones de neuronas en el córtex, el equivalente al palio aviar en los mamíferos. El capuchino pardo pesa más de 3 kilos, pero solo tiene 1.140 millones de neuronas. Si se ponen en fila las 111 especies de aves estudiadas por Pavel Němec y las 14 especies de primates estudiadas por Susana Herculano-Houzel, se obtienen unos resultados sorprendentes: en cuanto al número de neuronas paliales o corticales, los grandes simios tienen ciertamente ventaja, pero las grajas superan a los macacos cangrejeros, los halcones peregrinos superan a los tamarinos y los titíes se sitúan por detrás de los milanos negros y las cacatúas, más o menos a la par que los cernícalos vulgares. Por tanto, muchas aves tienen un mayor número y densidad de neuronas en el cerebro que los primates: más de 130 millones por gramo de cerebro en el caso de los loros, mientras que los capuchinos y los macacos solo tienen la mitad. ¿Cómo lo consiguen las aves, dado el elevado coste energético del cerebro? Gastan tres veces menos glucosa metabólica por neurona que el mamífero medio y, por tanto, son más eficientes.

Lo que es igualmente asombroso es que la relación entre el tamaño corporal y el número de neuronas es muy diferente en aves más primitivas como las gallináceas y los emúes. En estado salvaje, un pavo vive entre tres y cinco años; pesa 3 kilos y solo tiene 100 millones de neuronas paliales. En cambio, los cuervos y los guacamayos, que pesan un tercio que los pavos, viven entre veinte y cincuenta años y tienen de diez a veinte veces más neuronas. ¿Cuál es el motivo? Mi colega Daniel Sol cree que esto se explica en parte por su historia vital: en igualdad de condiciones, cuanto más grande es un animal, más tiempo vive (un elefante vive sesenta años, un ratón sesenta semanas). Cuanto más vive un animal, más probable es que experimente cambios en las condiciones ambientales; cuanto más grande es, más tarda en desarrollarse. Del mismo modo que la neurogénesis tiene lugar cuando somos muy jóvenes, un aumento en el tiempo de desarrollo significa más neuronas en el palio y el córtex. Un pavo se independiza de sus padres entre siete y catorce días después de nacer, pero un guacamayo tarda noventa días en volar del nido, por lo que tiene más tiempo para generar neuronas paliales, lo que a su vez le permitirá aprender a evitar el hambre y a los depredadores y, por tanto, vivir más tiempo. Al mismo tiempo, esto hace que también aumente su flexibilidad cognitiva, porque es más probable que su entorno cambie en los cincuenta años que vive que el de un pavo en tres o cinco años. Así pues, según Daniel Sol, existe un bucle evolutivo que vincula longevidad, tamaño corporal, duración del desarrollo, inteligencia y número de neuronas: se vive más porque se tienen más neuronas y se tienen más neuronas porque el periodo de desarrollo es más largo porque se es más grande. El único inconveniente de este bucle, como vimos antes, es el tiempo que se tarda en producir una nueva generación, lo que limita la ventaja del cerebro grande cuando la destrucción del hábitat pone en riesgo a una población.

Ya hemos visto que los grandes simios comparten este alto riesgo de extinción. Al igual que los loros, tienen a la vez grandes cuerpos y grandes cerebros y el tiempo necesario para completar una generación puede llegar a ser de veinte años (sobre todo en el caso de chimpancés, gorilas y orangutanes). En las condiciones actuales de la Tierra, un cerebro grande es, por tanto, un arma de doble filo: facilita las innovaciones que nos permiten salir de situaciones perniciosas, pero viene acompañado de una historia vital que reduce la resiliencia de las poblaciones en peligro, peligros que están causados en gran parte por la innovación desenfrenada de nuestra propia especie...

Dada la desventaja asociada al tamaño, no es casualidad que, entre los loros, el menor riesgo de extinción y el mayor éxito de colonización se hallen en las especies de tamaño medio: tienen un tiempo de generación bastante corto y un número de neuronas lo suficientemente alto como para hacer frente a los cambios del entorno, tanto por su inteligencia como por su fertilidad. Las cacatúas, por ejemplo, que pesan unos 100 gramos, pueden reproducirse en libertad nada más nacer, pero siguen teniendo más de 300 millones de neuronas paliales, quince veces más que una codorniz del mismo peso. La cotorra argentina también pesa unos 100 gramos y tiene aún más neuronas, 400 millones, y figuran entre los mejores invasores del mundo, habiendo colonizado más de 20 países, España entre ellos, desde su origen sudamericano. El premio a la innovación en los loros se lo lleva la cotorra de Kramer, que también pesa unos 100 gramos y es un excelente colonizador: se ha establecido en más de 35 países, donde a menudo se le considera una plaga. Sus innovaciones están casi todas asociadas a nuevos alimentos, a menudo frutos, hojas y semillas de plantas que encuentran por primera vez en sus zonas de invasión o, en su zona de origen, plantas exóticas que el hombre acaba de introducir, fenómeno que no solo se aplica a las cotorras; recordemos que en todo el mundo, las especies que consiguen establecerse en las zonas de las que han escapado o en las que han sido introducidas deliberadamente son las más innovadoras en su entorno de origen, ya que están en cierto modo preadaptadas a probar nuevos alimentos que encontrarán en su nuevo entorno al haber ya probado nuevos alimentos en su entorno de origen.

Uno de los nuevos alimentos para cotorras que preocupa a los ornitólogos australianos es la carne cruda. Mientras que en otras partes del mundo los comederos de pájaros ofrecen sobre todo semillas, a los australianos les gusta atraer a los verdugos flautistas (que parecen cuervos disfrazados de urracas) con carne picada. En los países fríos en invierno se suelen ofrecer bloques de grasa a pájaros carpinteros, trepadores y páridos, pero dar carne cruda en un país cálido como Australia puede provocar intoxicaciones por toxoplasma. Los verdugos y cucaburras que visitan los comederos de carne al menos son carnívoros; los sistemas digestivos de estas especies aún pueden procesar la comida que se les ofrece, pero lo que preocupa a los ornitólogos es la reciente llegada de loros a estos comederos como loris de cocotero, pericos elegantes y pericos variados. Un estudio del ornitólogo australiano Darryl Jones revela que este cambio en la dieta de estos loros no es el resultado de unos pocos individuos en un solo sitio, sino que ha sido observado por el 85 % de los informantes, desde el norte (Townsville) hasta el sur (Adelaida) en toda la parte oriental de Australia. Esperemos que la carne cruda sea solo un complemento menor de la dieta de estos loros, que normalmente se alimentan de polen, néctar e insectos, ya que el consumo frecuente de carne picada por parte de verdugos provoca carencias de calcio que afectan al crecimiento de las crías.

Después de las cotorras asiáticas, los loros más innovadores son las cacatúas australianas. Un equipo dirigido por Lucy Aplin, cuyo trabajo con páridos ya hemos visto, ha demostrado recientemente que las cacatúas galeritas de las afueras de Sídney innovan comportándose de forma similar a los keas de Mount Cook: saben abrir cubos de basura; los primeros casos se registraron en 2018 en 3 barrios. A finales de 2019, la innovación se había extendido a 44. Las investigaciones demostraron la naturaleza cultural de la difusión de esta innovación: los individuos que intentan abrir los cubos de basura y lo consiguen son principalmente machos adultos de alto estatus jerárquico. Como ocurre con los keas, las cacatúas galerita macho son más grandes y fuertes que las hembras y levantar la tapa de una papelera requiere fuerza. Es más probable que estas aves se asocien entre sí en los cubos. Los estilos de apertura varían de un individuo a otro y entre los 44 emplazamientos, pero cuanto más cerca están unos de otros, más parecidos son estos estilos y más cercanas son las fechas en las que comenzó la innovación, dos características de la difusión cultural. Los cubos de basura urbanos no son el único objetivo de los loros australianos: especies como la cacatúa galah, la cacatúa galerita y la cacatúa picofina pueden devastar huertos y campos de cereales. Mientras que en Norteamérica los agricultores recelan de estorninos, zanates y tordos, los loros son los que constituyen el problema en Australia, donde veintiséis especies están clasificadas como plagas.

Aparte de los keas y de la única observación de la cacatúa de las Tanimbar en Singapur, solo se conoce otro caso de innovación técnica con herramienta en loros en libertad: en Costa Rica, un guacamayo ambiguo utilizaba hojas de almendro tropical para proteger su pico mientras roía el fruto para alcanzar la semilla. Para ver qué entienden esta especie y su primo, el guacamayo barbiazul, sobre las relaciones físicas asociadas a las herramientas, el equipo dirigido por el biólogo alemán Auguste von Bayern, del Instituto Max Planck, sometió a 17 aves a una prueba en la que tenían que introducir guijarros en un tubo para extraer un trozo de comida; solo 3 de las 17 aves superaron la prueba. Además del bajo porcentaje de aciertos, lo sorprendente de la actuación de los guacamayos fue el gran número de errores cometidos por los loros incluso *después* de haber superado la prueba. Por ejemplo, varios introdujeron guijarros a ambos lados del tubo, lo que bloqueaba la salida de la comida; entonces se debía empujar el tubo hacia el extremo donde no hubiera acumulación de guijarros. Parecía que el comportamiento de insertar un guijarro era repetido por los individuos de forma bastante aleatoria, sin que ninguno comprendiera realmente la relación causa-efecto. Los autores del estudio contrastaron el comportamiento un tanto inconexo de los guacamayos con el de los cuervos de Nueva Caledonia, que parecen comprender y planificar el uso de herramientas de forma mucho más eficaz.

Los guacamayos son también una de las especies que muestran grandes limitaciones en la prueba de la cuerda; tirar de una sola cuerda es un problema sencillo para muchas aves, pero cuando el problema se complica ofreciéndoles varias cuerdas que parecen estar unidas a la comida, muchas fallan. Anastasia Krasheninnikova, del Instituto Max Planck, sometió a esta prueba a dos docenas de especies de loros. Todos ellos superaron la versión simple con una sola cuerda, pero la mayoría de ellos fallaron cuando se les ofrecieron dos cuerdas cruzadas, de las que solo una conducía a la comida, o dos cuerdas sin cruzar, de las que una parecía estar unida a la comida sin estarlo realmente.

Las especies que obtuvieron peores resultados en esta prueba fueron las cotorras argentinas, excelentes colonizadores, y el guacamayo de Lear, especie brasileña en peligro de extinción. Las que obtuvieron mejores resultados fueron el loro vasa, un loro isleño de Madagascar y las Comoras y la cotorrita de anteojos (tal vez éste sea el secreto de su éxito...), un pequeño loro centroamericano que tiene dieciocho veces menos neuronas en el palio que un guacamayo.

Biología y psicología: encontrar un punto intermedio

Otra prueba en la que los loros suelen obtener malos resultados es el test del desvío. A un animal al que se le presenta por primera vez un problema de eliminación de obstáculos, primero intenta la solución más obvia: como, en su versión no social, el dispositivo que se le presenta contiene comida visible detrás del obstáculo, la primera respuesta del animal casi siempre es atacar el punto de la pared transparente que está más cerca de la recompensa. Solo después de una serie de fracasos el innovador intentará algo diferente, explorando las diferentes posibilidades que ofrece el dispositivo, hasta dar con la solución adecuada, algo que muchos individuos, incluso entre especies innovadoras, nunca harán. Una vez observé en una plaza cómo una paloma picoteaba durante mucho tiempo la parte transparente de una bolsa de patatas fritas e ignoraba el extremo abierto de la bolsa que, aunque opaco, le habría permitido acceder al alimento.

La prueba del desvío se basa en esta atracción hacia la recompensa visible: la comida se presenta detrás de una pared transparente, pero ésta está abierta un poco más allá, de modo que el animal puede rodearla para alcanzar la comida. El investigador mide el tiempo que tarda el animal en comprender este desvío y en dejar de ir hacia la pared transparente. Cuando se repite la prueba tras un éxito inicial, se espera que el animal recuerde haberse chocado con la pared y se desvíe inmediatamente hacia el extremo abierto. Algunas especies tienen más dificultades que otras: los chingolos pantaneros, por ejemplo, intentan picotear la pared transparente tres veces más de lo que intentan desviarse hacia un extremo; a las palomas, como cabría esperar por el incidente de la bolsa de patatas fritas, tampoco dominan la prueba. Los chimpancés, bonobos, orangutanes y gorilas se desenvuelven casi a la perfección (o, en el peor de los casos, tras un fallo) e inmediatamente esquivan la pared transparente. Los cuervos grandes, las grajillas y los cuervos de Nueva Caledonia también resuelven casi a la perfección, superando a lobos, lémures y titíes. El tamaño del cerebro parece tener algo que ver con la inhibición de la primera respuesta más obvia: los grandes simios por delante de babuinos y macacos, y todos ellos por delante de los lémures; en las aves, los córvidos van por delante de otros paseriformes y de las palomas.

Sin embargo, si los loros son las aves con el cerebro más grande en cuanto a volumen y número de neuronas paliales, deberían entender rápidamente que chocarse con el muro transparente tras el que ven la comida no funciona y que tienen que ignorar la atracción de lo visible para esquivar el muro, pero no es así: tanto guacamayos como amazonas están a la altura de lémures y diamantes cebra (que tienen 35 veces menos neuronas paliales que un guacamayo), con una respuesta errónea de cada dos. A la cola de los loros se sitúa el gris africano, con dos de cada tres respuestas erróneas. Otro estudio sobre grises africanos y tres especies de guacamayos comparó a estos loros con primates mediante una batería estandarizada de pruebas (*Primate Cognition Test Battery*). A los autores del estudio les sorprendió el nivel relativamente bajo de rendimiento de estos grandes loros, muy inferior al de los primates que se han sometido a estas pruebas hasta la fecha.

El bajo rendimiento de los grises africanos sorprende por uno de los programas de estudio de cognición animal más mediáticos, que convirtió en una celebridad a un individuo de esta especie, Alex. La psicóloga estadounidense Irene Pepperberg trabajó durante treinta años con Alex, fallecido en 2007. Le enseñó cientos de palabras y utilizó esa habilidad y la excepcional relación que tenían ambos para comprobar hasta qué punto era inteligente. Normalmente es el comportamiento de un animal el que nos dice lo que entiende a través de sus aciertos o errores en las pruebas a las que le sometemos. En el caso de Alex, sin embargo, fueron las palabras humanas las que sirvieron de ventana a su inteligencia. Así que, en comparación con lo que hemos visto hasta ahora en este libro, Irene Pepperberg utilizó herramientas diferentes: las palabras. Además, tenía una relación muy estrecha con el animal que estudiaba. Las preguntas que hacía también eran diferentes, más parecidas a las que hacen los psicólogos a los niños que a las que los biólogos intentan entender sobre páridos, keas y pinzones de Darwin en libertad.

¿Podemos conciliar este enfoque con el que hemos visto hasta ahora, basado en las innovaciones en libertad? El enfoque biológico requiere, en primer lugar, que tengamos cierto conocimiento de los comportamientos inteligentes que una especie emplea en su entorno. Por ello, el estudio de la innovación, que incluye los problemas de la eliminación de obstáculos en cautividad, tiene su origen en la apertura de botellas de leche en las afueras de Inglaterra. En el caso de los keas y de las cacatúas de las Tanimbar, disponemos al menos de algunas observaciones en Nueva Zelanda, Singapur y Tanimbar para contrastar los experimentos en cautividad con la realidad en el entorno natural, aunque no disponemos de esta información para los grises africanos. Las zonas donde vive esta especie en estado natural son de difícil acceso: los bosques de África central son densos, a menudo peligrosos para los investigadores, y los loros, que han sido cazados durante mucho tiempo para el comercio, desconfían mucho de los humanos, por lo que resulta especialmente interesante que en el campus de la Universidad de Makerere se haya establecido una colonia en Kampala (Uganda). Los biólogos que las estudian no saben si se trata de aves cautivas que escaparon o fueron liberadas deliberadamente o si emigraron de zonas boscosas cercanas al lago Victoria; en cualquier caso, es alentador observar que la población ha ido en aumento desde principios de la década de 2000. Al ser accesible, esta población es, por el momento, nuestra mejor oportunidad para aprender un poco más sobre el comportamiento de los grises africanos en libertad.

Hasta la década de 1990, el estudio de la inteligencia animal era dominio casi exclusivo de los psicólogos comparativos, quienes tenían dos grandes ventajas sobre los biólogos: basándose en sus estudios sobre humanos y animales de laboratorio como ratones y palomas, habían desarrollado toda una serie de pruebas para medir el aprendizaje y la cognición y, además, utilizaban especies que se encontraban a gusto en cautividad, bien porque habían sido domesticadas —a veces durante siglos—, bien porque desde jóvenes los individuos se habían familiarizado con las personas que iban a estudiarlos. En los laboratorios de psicología animal, por ejemplo, las ratas albinas son lo bastante mansas como para pasearse por los bolsillos de las batas de laboratorio de los investigadores, y los chimpancés jóvenes, calentitos en sus pañales, se aferran a la ropa humana como lo harían a la piel de su madre (tuve el honor de experimentarlo con cinco crías de chimpancé; por cierto, cambiar el pañal de un chimpancé es mucho más difícil que cambiar el de un bebé humano...). Esta familiaridad nos permite trabajar en estrecha colaboración con un animal que no teme el contexto experimental y que, por tanto, puede dar lo mejor de sí mismo, a diferencia de mis zenaidas de Barbados.

Sin embargo, más allá de estas ventajas, el método psicológico tiene sus inconvenientes. Las pruebas a las que se somete a los animales proceden de estudios con humanos o de protocolos deliberadamente neutros en relación con el entorno natural del animal. Por ejemplo, en lugar de un gato, que sería su enemigo "natural", se pide a una rata que huya del suelo electrificado de una jaula, una fuente de dolor perfectamente arbitraria que solo puede evitarse mediante el aprendizaje, ya que el entorno de los antepasados de la rata nunca incluyó un suelo que le provocara pinchazos en los pies. La palabra *natural* puede incluso ser objeto de sarcasmo por parte de los psicólogos: Howard Rachlin, mientras comentaba en 1981 un artículo que sugería basar las pruebas de aprendizaje en la ecología del animal, escribió que "un entorno natural, como 'cereales naturales' y 'desodorante natural', es un término propio de la publicidad y no de la ciencia" y acusó a la etología de no ser más que "un conjunto de observaciones fáciles, experimentos medio serios y conjeturas teóricas". Para algunos psicólogos conductistas, cuanto más arbitrario sea el entorno experimental, más dependerá el animal del aprendizaje para adaptar sus respuestas a los estímulos y recompensas que le ofrezca el dispositivo. Por ejemplo, en un dispositivo de aprendizaje, una paloma tendrá que picotear un disco luminoso para obtener comida y no un tallo de hierba, lo que es suficiente para estudiar el aprendizaje, pero para comprender el contexto evolutivo de la inteligencia también tendremos que observar al animal en su entorno.

Desde el inicio del libro, hemos insistido en que toda investigación sobre la inteligencia animal es antropocéntrica, incluso cuando se basa en la ecología: por el momento, solo comprendemos parcialmente el equivalente no humano de lo que llamamos inteligencia, que podría adoptar formas en otras especies que ni siquiera podemos imaginar. Si los investigadores fueran albatros en lugar de seres humanos, probablemente se evaluaría a los animales por la perfección de su planeo más que por la complejidad de su cognición. Si preguntásemos a Google "¿Son únicos los albatros?", ¿obtendríamos 500 millones de visitas como si hiciéramos la pregunta "¿Somos únicos los humanos?" Si tratamos de entender la inteligencia no humana es porque estamos convencidos de que es el rasgo que más ha contribuido a convertirnos en lo que somos. Si, en lugar de ser parientes de los chimpancés, fuéramos la única especie descendiente de los primeros peces que lograron vivir en la Tierra hace trescientos ochenta millones de años, buscaríamos en todas las demás especies que permanecieron bajo el agua las formas transicionales de branquias y aletas que podrían haber dado lugar a pulmones y piernas. En cambio, estudiamos las formas transitorias de inteligencia en otros animales.

El enfoque psicológico asume claramente este antropocentrismo: plantea a los animales las mismas preguntas que a los humanos, aunque para ello tenga que enseñar a los grises africanos y a los grandes simios las herramientas lingüísticas que facilitan sus respuestas. Lo importante no es concluir si esas palabras constituyen o no un verdadero lenguaje, sino si las respuestas del loro Alex, la gorila Koko o el bonobo Kanzi abren una ventana válida a la evolución de la inteligencia. Biólogos y psicólogos son el equivalente de dos equipos excavando el mismo túnel desde extremos distintos: ambos se encuentran en la oscuridad, en el territorio desconocido de la inteligencia; un equipo parte del laboratorio de psicología humana y el otro de los bosques de las islas Galápagos. Lo importante es que los equipos se encuentren en algún punto intermedio que sea mejor que la catastrófica separación de 36,2 centímetros que franceses y británicos mantuvieron durante la excavación de 50 kilómetros del túnel del canal de la Mancha. Aún no hemos llegado a ese punto, pero lo importante es mantener el rumbo, aunque eso signifique hacer pequeños ajustes de vez en cuando. Por supuesto, lo ideal para mantener alineados a los dos equipos, cada uno excavando su propia mitad del túnel, sería que todas las capacidades descubiertas en estudios psicológicos se observasen también en libertad, y viceversa.

Pero, aunque no sea así, puede significar simplemente que la inteligencia es suficientemente fluida y general como para manifestar, en las condiciones especiales del laboratorio humano, capacidades que podrían utilizarse si el entorno natural las exigiera.

Gracias a palabras humanas, Irene Pepperberg pudo demostrar que Alex podía dar la respuesta correcta a preguntas sobre conceptos como "más grande" y "más pequeño" o "igual" y "diferente", sobre categorías de objetos como formas y colores y sobre números, incluido el cero. *Cómo* pudieron los grises africanos desarrollar estas capacidades es otra historia. De momento, la cuestión sigue abierta. En los años ochenta, el psicólogo David Premack propuso una posibilidad bastante intrigante en relación con el lenguaje de signos enseñado a los chimpancés; también podría aplicarse a Alex: entrenar a ciertos animales para que dominen los símbolos y los utilicen para interactuar con un humano podría aumentar la capacidad de abstracción del animal más allá de lo que utiliza en su propia vida "normal". Nunca podremos "hablar" con una paloma", dice Premack, "pero con un gran simio o un gris africano, el aprendizaje de símbolos podría revelar preadaptaciones latentes que, aunque no se utilizaran por el momento en su entorno natural, estarían disponibles si las condiciones las hicieran útiles o necesarias". Las innovaciones en libertad no son diferentes: el primer pinzón de Darwin que introdujo una ramita en una grieta para extraer una larva lo hizo porque la base conductual y cognitiva de este nuevo gesto *ya* estaba latente en su repertorio *antes* de que la situación lo requiriera.

La estrecha relación entre un investigador y un sujeto no humano puede facilitar la recopilación de datos sobre cognición, pero también puede plantear problemas. Por ejemplo, existe una gran controversia en torno al lenguaje en los grandes simios. En el caso de los grises africanos, los debates sobre Alex no van más allá del marco normal de discusiones habituales en la ciencia. Mi propio enfoque en este libro —las innovaciones— no cuenta con la aprobación unánime de los investigadores y varios artículos críticos, de la bióloga británica Sue Healy, por ejemplo, me han proporcionado a lo largo de los años una mezcla de sugerencias útiles, objeciones legítimas y malentendidos frustrantes. Si los debates en torno a Alex son normales, no puede decirse lo mismo de N'kisi, otro gris africano que habla. Su dueña, Aimée Morgana, también le ha enseñado cientos de palabras humanas, pero la cuestión no es si los intercambios verbales entre N'kisi y Aimée Morgana son un verdadero diálogo lingüístico o no; el problema son los intercambios no verbales: Aimée Morgana está convencida de que N'Kisi se comunica con ella telepáticamente...

Y quién mejor para hablar de esta posibilidad que el especialista en ondas mórficas Rupert Sheldrake, a quien volvemos a encontrar aquí después de mencionarlo en el capítulo sobre los páridos. Sheldrake y Aimée Morgana llevaron a cabo un experimento clásico de telepatía con N'kisi: el loro está en una habitación y el humano, en otra. El humano elige al azar una tarjeta que muestra un objeto cuyo nombre conoce el loro y esperamos a que el loro diga la palabra en un tiempo aceptable. A lo largo de un gran número de ensayos, se calcula la probabilidad de que el loro diga la palabra al azar, teniendo en cuenta el número de objetos utilizados. Si el número de palabras correctas pronunciadas por el loro es superior a este umbral, se concluye que existe telepatía. Sheldrake y Morgana creen, obviamente, que N'kisi superó la prueba, basándose en 23 de los 71 ensayos en los que el loro pronunció la palabra del objeto de la tarjeta correctamente. Sin embargo, el escéptico bloguero Robert Todd Carroll insiste que N'kisi no dijo nada o dijo palabras que no tenían nada que ver con los objetos de las tarjetas en 60 de las 131 pruebas; en las 71 pruebas restantes, sí dijo la palabra correcta 23 veces, pero también dijo otras palabras 94 veces; además, los tres jueces que calificaron a ciegas las palabras de N'kisi a menudo creyeron oír sonidos diferentes y Sheldrake tuvo que eliminar varias pruebas en las que había desacuerdo. Como en los casos de la apertura de las botellas de leche y el centésimo mono que vimos anteriormente, no existe, por tanto, ni un mecanismo conocido ni cifras convincentes que apoyen la idea de la "transmisión mórfica".

Por desgracia, hasta aquí puede llevar el estudio de la inteligencia animal. Seguro que entre los lectores hay amantes de los animales que están convencidos de que su perro, su loro o su caballo tienen algún don. El hecho de que algunos científicos duden de esas opiniones o de que la ciencia no se plantee las preguntas que les puedan interesar no es el problema. No hay conflicto entre el método científico y la apreciación de los lectores sobre el don de sus animales: la mayoría del tiempo, la ciencia no está equipada para resolver este tipo de cuestiones. Para la ciencia se necesitan fenómenos cuantificables, numerosos controles y datos sobre un gran número de individuos, lo que a menudo es imposible de obtener. El enemigo es la pseudociencia, el uso engañoso de parte del método científico en un intento de aportar "pruebas empíricas" de fenómenos subjetivos que la ciencia no puede explicar. "No lo sé" debería ser una de las frases favoritas de los científicos (en todos los sentidos de la palabra: "no sé la respuesta", pero también "tengo que ignorar esta pregunta porque de momento no puedo responderla empíricamente"), porque aparte de las pruebas sólidas y repetidas que puede aportar el método científico, una enorme parte del misterio del mundo sigue (y probablemente seguirá siempre) sin estar clara. El problema no es la impresión que podamos tener nosotros de que nuestro perro piense lo mismo que nosotros, sino más bien que sea la pseudociencia la que nos infiera esa impresión. Hasta que el método científico no pueda formular la pregunta adecuada a un perro, caballo o loro, es mejor, tanto para los lectores como para mí, decir "no lo sé" que invocar algún "susurro" o alguna "resonancia mórfica" como respuesta.

Los más inteligentes: los córvidos

Loros, páridos, semilleros, gorriones y gaviotas nos proporcionan una pieza del rompecabezas que es la inteligencia de las aves. Cada uno de ellos ilustra una de sus características —cerebro, cultura, neurotransmisores, colonización, urbanización y resistencia a la extinción—, pero para ver cómo encajan estas piezas para formar un todo, tenemos que fijarnos en los cuervos. La familia de los córvidos es la que hasta ahora nos han permitido comprender la inteligencia con métodos más coherentes. Gracias a centenares de observaciones en libertad en todo el mundo, decenas de experimentos controlados y extremadamente útiles en cautividad, numerosos datos sobre el cerebro y las neuronas obtenemos información sobre unas 120 especies de córvidos y de este modo la imagen más completa de la inteligencia animal. Hoy, como hace cinco millones de años, son las lumbreras de las aves. Aunque el tamaño de sus cerebros y el número de sus neuronas palatinas son menores que los de los loros, nos proporcionan las pruebas más espectaculares de la inteligencia aviar.

Hace cuarenta años, los córvidos desempeñaban un papel secundario en nuestra comprensión de la inteligencia: los estudios sobre el cerebro de las aves se realizaban con palomas y gallinas; uno de los únicos ejemplos conocidos de uso de herramientas era el del pinzón de Darwin carpintero; no se creía que las regiones superiores del cerebro de las aves se correspondieran con el córtex de los mamíferos; y el ave más famosa por su rendimiento cognitivo era Alex, el gris africano. Dos descubrimientos revolucionaron el campo a finales de los noventa. En 1996, el neozelandés Gavin Hunt vio cuervos de Nueva Caledonia fabricando herramientas en libertad y, en 2002, los principales expertos en neurociencia aviar se reunieron invitados por Erich Jarvis, de la Universidad de Duke (Carolina del Norte), para formalizar una nueva concepción del cerebro de las aves, más cercana a la de los mamíferos.

El descubrimiento de Gavin Hunt dio lugar a decenas de estudios publicados en las principales revistas científicas del mundo. El fenómeno ya había sido objeto de una nota publicada por el ornitólogo canadiense Ronald Orenstein en una revista menor veinticinco años antes, pero no había despertado ninguna curiosidad. Mientras paseaba por la reserva de Haute-Yaté, en Nueva Caledonia, Orenstein observó un cuervo que agitaba un palo bajo la corteza de un árbol. En el artículo que describía esta anécdota, Orenstein se mostraba muy cauto: solo había visto a un individuo utilizar un palo, y solo cuatro veces, sin que el cuervo obtuviera ningún alimento. "No he visto más uso de herramientas", escribió, y los ornitólogos locales a los que entrevistó dijeron que nunca habían visto algo así.

Pero lo que Hunt y sus colegas descubrieron más tarde sobre el terreno fue impresionante: los cuervos de Nueva Caledonia fabrican más de quince variedades de herramientas. Las más complejas se fabrican con hojas de *Pandanus*, cuya textura fibrosa se presta a una serie de desgarros que producen una herramienta con una base plana y ancha que el cuervo sujeta con el pico y una punta más fina que encaja fácilmente en una hendidura, con una serie de púas dentadas con las que puede atrapar cualquier larva. Estas herramientas tienen entre uno y cuatro desgarros, que producen hasta tres muescas sucesivas entre el extremo plano y el puntiagudo. Para los investigadores, la ventaja de este tipo de herramientas es que dejan un negativo en las hojas de las que fueron arrancadas, por lo que tenemos acceso no solo a las propias herramientas, que pueden transportarse o perderse, sino también a las matrices vegetales de las que proceden. Así pues, podemos trazar un mapa de la diversidad de herramientas fabricadas en distintas zonas de la isla principal de Nueva Caledonia, Grande Terre, así como en su vecina más pequeña, la isla de Maré, un mapa que sugiere una transmisión cultural de técnicas de fabricación similar a la que Lucy Aplin mostró en los páridos. Al norte de Grande Terre, los cuervos prácticamente solo fabrican herramientas con múltiples desgarros. Cuanto más al sur, más simples y estrechas se vuelven las herramientas, con un solo desgarro. En Maré, cue está a más de cien kilómetros al este de Grande Terre, también solo hay herramientas de un solo desgarro, pero son más anchas que las que se encuentran en las regiones más cercanas a Maré en Grande Terre. Y al igual que los neumáticos de invierno con clavos, las herramientas de *Pandanus* parecen beneficiarse de tradiciones acumulativas: donde se encuentran herramientas de tres muescas, también hay herramientas de una y dos muescas, y donde la herramienta más compleja solo tiene dos muescas, también hay herramientas de una muesca.

¿Cómo se produjo este gradiente geográfico similar al observado en la transmisión cultural del canto en las aves y de los acentos y dialectos en los humanos? Dado que el material, la hoja de *Pandanus*, es igual en todas partes, evitamos un problema que ha preocupado a los científicos que estudian las herramientas en el otro experto no humano, el chimpancé: si la herramienta varía de un lugar a otro, ¿se debe a la cultura o al entorno, que proporciona materiales distintos en lugares diferentes? En los cuervos, las crías observan el uso que hacen sus padres de las herramientas y tienen acceso a lo que encuentran en el campo. Sin embargo, los estudios sobre crías criadas en cautividad sugieren desde el principio que la capacidad de fabricar una herramienta es innata: los jóvenes criados en el laboratorio que no habían visto a un adulto fabricando una herramienta ni habían estado ellas mismas expuestas a material para fabricar herramientas o a comida fuera de su alcance en una grieta, supieron inmediatamente cómo utilizar un palo para buscar comida y también cómo arrancar una hoja de *Pandanus*. Es una reminiscencia del interés espontáneo de los jóvenes pinzones de Darwin carpinteros por las ramitas o del interés de los zorzales comunes por los caracoles y las piedras, pero con una vuelta de tuerca.

Esto no quiere decir que la forma exacta de la herramienta y la eficacia con que se utiliza no dependan de la observación de los adultos y del perfeccionamiento por ensayo y error. En libertad, los jóvenes permanecen con la unidad familiar durante un año, observan de cerca la fabricación de herramientas de sus padres y tardan mucho tiempo en alcanzar la máxima eficacia con las herramientas. En el laboratorio se criaron cuatro crías sin congéneres y se interesaron espontáneamente por las ramitas y las hojas de *Pandanus* desde una edad temprana, pero solo uno de los cuatro fue capaz de fabricar una herramienta funcional; la mayoría de las herramientas que hicieron los demás eran demasiado imperfectas para ser útiles en libertad y ninguna tenía una forma más elaborada que la variante de un solo desgarro. Lo mismo ocurrió cuando se estudiaron familias de cuervos en libertad utilizando mesas experimentales instaladas en el bosque: cada mesa se colocó cerca de un árbol de *Pandanus* con bloques de madera en los que los investigadores habían perforado agujeros con un trozo de carne enterrado. Los adultos fabricaban herramientas de *Pandanus* y extraían el alimento introduciéndolas en los agujeros; las crías observaban atentamente a sus padres y algunas de ellas empezaron a arrancar hojas de *Pandanus* por sí mismas a los dos meses de edad. Pero al igual que ocurre con los cuervos jóvenes criados por humanos, estas primeras herramientas no estaban lo suficientemente bien hechas como para ser funcionales y no fue hasta que las crías tuvieron dos años cuando sus herramientas llegaron a ser tan perfectas como las de sus padres. Como en el caso de los pinzones de Darwin carpinteros, el comportamiento básico parece ser innato y su perfeccionamiento se debe al entrenamiento individual, pero a diferencia de los pinzones de Darwin, el desarrollo mucho más complejo de la herramienta puede requerir una transmisión social. Y como en el caso de los humanos, esta transmisión podría ser acumulativa y mejorada por innovaciones sucesivas: de este modo, una herramienta de *Pandanus* con tres muescas se hubiera inventado en un núcleo familiar donde ya se fabricaban herramientas con dos muescas con anterioridad.

La combinación de la tendencia innata a utilizar herramientas, la observación de los padres, la presencia de herramientas abandonadas sobre el terreno y el entrenamiento individual mediante ensayo y error podría constituir una especie de modelo mental para los jóvenes, una forma memorizada que se esfuerzan pacientemente en recrear mediante ensayo y error. Muchos paseriformes aprenden así su canto: a partir de un reconocimiento innato del canto genérico de su especie, escuchan el canto particular de su padre durante su infancia en el nido, luego se entrenan para reproducirlo durante su adolescencia, añadiendo algunas variaciones personales. El equipo dirigido por Alex Taylor, del Reino Unido, y Russell Gray, de Nueva Zelanda, ofreció recientemente una elegante demostración de un posible modelo mental para las herramientas de los cuervos. En una pajarera de Nueva Caledonia, se enseñó a los cuervos jóvenes a alimentarse del equivalente de una máquina expendedora en la que tenían que introducir una ficha de cartón. Algunas fichas eran pequeñas y otras más grandes y se enseñó a los cuervos que solo uno de estos dos tamaños podía accionar el dispensador durante una sesión determinada. A continuación, se ofrecieron láminas de cartón a las aves y la mitad de ellas empezaron espontáneamente a rasgarlas como si fueran hojas de *Pandanus* (a la otra mitad hubo que animarla con cartón parcialmente rasgado). ¿Qué ocurrió cuando a los cuervos se les dio cartón y ese día solo era válida una ficha pequeña o grande en el dispensador? Lo que la extraordinaria inteligencia de estos cuervos predijo: los que tenían experiencia con una máquina expendedora que solo aceptaba fichas pequeñas, produjeron trozos de cartón pequeños y los cuervos con experiencia con fichas grandes válidas, las hicieron grandes.

Otro de los espectaculares experimentos de Alex Taylor y Russell Gray demuestra que los cuervos de Nueva Caledonia son capaces de planificar el uso de una herramienta. Ya sabemos que los cuervos saben desde la infancia cómo utilizar y fabricar un palo para sacar comida de una cavidad. En cautividad y bajo la influencia de investigadores, aprenden rápidamente a utilizar herramientas con las que nunca se les había visto antes en libertad. En un experimento que se hizo famoso por combinar una fábula de Esopo, un ave inteligente e investigadores de destacadas universidades inglesas, Christopher Bird y Nathan Emery demostraron en 2009 que las grajas podían introducir guijarros en un recipiente para elevar el nivel del agua hasta que un alimento antes inalcanzable pudiera flotar hasta ellos (en la fábula original, el cuervo tiene sed en vez de hambre y eleva el nivel del agua en una jarra para poder beber). Desde entonces, enseñar a las aves a introducir guijarros en un cilindro de agua o en una plataforma para que vuelquen un trozo de comida se ha convertido en una de las técnicas experimentales favoritas de los investigadores de la inteligencia animal. Recordemos que, en el caso de la graja, lo interesante era que esta especie no utiliza herramientas en la naturaleza; la habilidad que revelaron los investigadores estaba, por tanto, latente en ellas y probablemente se debía a su inteligencia general.

Cuando a los cuervos de Nueva Caledonia, expertos con las herramientas, se les ofrecen guijarros, aprenden rápidamente a soltarlos para hacer accesible la comida, ya sea en un dispensador o en un cilindro medio lleno de agua. Si se les da a elegir entre guijarros artificiales ultraligeros (de poliestireno, que flotan en el agua y, por tanto, no elevan la comida en el cilindro) y guijarros artificiales pesados, aprenden rápidamente a utilizar solo los pesados. Lo hacen sopesando los guijarros con el pico e incluso deduciendo su peso a partir de su balanceo en el viento: se mostró a los cuervos una serie de "guijarros" artificiales colocados en el extremo de una cuerda delante de un ventilador y las aves evitaron los que se balanceaban con mucha fuerza, deduciendo correctamente que serían demasiado ligeros para elevar la comida dentro del agua.

Con los palos que los cuervos saben manejar desde pequeños y los guijarros que aprenden a utilizar rápidamente, tenemos ahora dos tipos de herramientas que requieren acciones diferentes. Esta es la siguiente etapa del experimento, la que demuestra la habilidad tanto de los cuervos como de los investigadores: en un comedero de varios lados, un trozo de comida, un guijarro y un palo se colocan en diferentes secciones, los tres fuera de su alcance. El palo descansa en la parte superior de una superficie inclinada y el guijarro en el centro de un tubo. Para alcanzar el palo, el cuervo tiene que hacerlo caer de la superficie inclinada con un guijarro; para alcanzar el guijarro, tiene que tirar hacía él con un palo. En cuanto a la comida, dependiendo de la prueba, está en la superficie inclinada, que requiere un guijarro para volcarla, o en un tubo, que requiere un palo para tirar de ella. Antes de cada prueba, se permite al cuervo explorar las diferentes

secciones del comedero y ver si la comida está en la superficie inclinada o en el tubo. Después de unos minutos (para que el ave memo-
rice lo que ha visto antes), se le da un palo o un guijarro en la zona
de entrada del dispensador. Si se trata de un palo y la comida está en
la superficie inclinada, el pájaro debe ir hacia el lado con el guijarro
en un tubo, tirar del guijarro con el palo, luego llevar el guijarro hacia
el lado con la comida y dejarlo caer sobre la superficie inclinada. Si
inicialmente se le da al ave un guijarro y la comida está en un tubo,
tiene que hacer lo contrario: ir hacia el lado que contiene un palo en
la superficie inclinada, dejar caer el guijarro, coger el palo que sale
de la superficie inclinada e ir hacia el lado que contiene la comida y
luego tirar de ella con la ayuda del palo para sacarla del tubo. La situación se cambia aleatoriamente de un ensayo al siguiente para ver
si el ave simplemente repite lo que funcionó la vez anterior o si se
adapta cada vez a una situación diferente. De vez en cuando, se da al
ave la herramienta adecuada para que busque comida directamente,
sin coger antes una segunda herramienta, de nuevo para eliminar la
posibilidad de rutinas automáticas. Los cuervos tuvieron éxito en
todas las variantes del experimento, incluso aquellas en las que se intentó engañarlos con una solución automática. Hasta ahora, ésta es
la prueba cognitiva más sofisticada que ha superado un ave porque
implica una planificación flexible.

La capacidad de los cuervos para enlazar secuencias de varias
herramientas, conocidas entonces como metaherramientas, había
sido demostrada por el equipo de Alex Taylor y Russell Gray unos
años antes. Colocaron comida en una pequeña jaula a la que solo se
podía acceder con un palo largo. En otra jaula, se colocaba el palo
largo fuera del alcance del ave antes de darle un palo corto con el
que podía coger el palo largo y llevarlo hasta la comida. Hay muchas
variaciones de estas secuencias: primero se ofrece un palo corto al
final de una cuerda que cuelga bajo una percha, como en la prueba
estándar de la cuerda. Una vez agarrado el palo mediante sucesivos
saltos, el ave tiene que utilizarlo para coger un guijarro que hay una
pequeña jaula y, a continuación, dejar caer el guijarro sobre una superficie inclinada en la que se encuentra el palo más largo, que es
el único que se puede utilizar para coger la comida. La pendiente

puede ser más o menos inclinada, por lo que el ave puede tener que recoger tres guijarros con el palo corto. Las primeras veces, las aves no conocen toda la secuencia, sino solo uno o dos de sus elementos; el cuervo debe, pues, innovar creando él mismo la secuencia, sin basarse en la simple repetición de una secuencia conocida.

Cuando un cuervo utiliza un palo, ¿comprende las relaciones físicas de causa-efecto entre sus acciones, la herramienta y el alimento? Aquí es donde la prueba del tubo trampa de Elisabetta Visalberghi puede resultar útil. Hemos visto antes que los pinzones de Darwin no superan esta prueba y que no parecen capaces de cambiar su forma de utilizar una herramienta cuando cambia el contexto físico, pero los cuervos de Nueva Caledonia sí. Tanto si la trampilla del tubo que contiene la comida se coloca delante como detrás, tanto si el investigador cambia aleatoriamente la posición de la comida con respecto a la trampilla, como si el tubo contiene una trampilla abierta y otra cerrada e incluso una trampilla abierta pero sin fondo (de modo que la comida cae fuera del tubo por la trampilla pero acaba en un lugar accesible para el ave), los cuervos tienen éxito en todos los casos: o bien modifican su gesto, empujando o tirando con la herramienta en función de la situación, o bien cambian el lado del tubo si la posición del alimento es diferente.

La inteligencia de los cuervos de Nueva Caledonia parece, pues, asombrosa. El neurocientífico alemán Onur Güntürkün pudo medir el tamaño de distintas áreas del cerebro de estas aves y las dos áreas más implicadas en la cognición, el nidopalio (donde se encuentra el NCL) y su vecino, el mesopalio, son especialmente grandes en esta especie, incluso si se comparan con las de otros córvidos como arrendajos y cornejas negras. Sin embargo, los cuervos también tienen sus límites; si los comparamos con keas en un escenario en el que se dispone de distintos tipos de herramientas para alcanzar la comida, los cuervos son mejores si la herramienta es un palo, pero los keas son más curiosos y versátiles: tanto si hay que introducir una bolita como tirar de una cuerda o girar una ventana, la rapidez con la que los keas exploran las distintas opciones y cambian de herramienta después de que los investigadores hayan bloqueado la solución que funcionaba con la herramienta anterior es superior.

Y como casi todas las aves, los cuervos de Nueva Caledonia fallan la prueba de la cuerda cuando entra en juego la aparente conexión entre cuerda y comida.

La otra prueba que fallan los cuervos de Nueva Caledonia es la prueba del espejo: si nos miramos al espejo y de repente vemos una mancha o un grano en la frente, utilizaríamos la imagen para tocarnos la frente y explorar o eliminar el problema. En pocas palabras, sabemos que la imagen somos nosotros, pero si hacemos la prueba con nuestro perro, no se rascará tranquilamente la mancha utilizando su imagen como reflejo, sino que ignorará el espejo o ladrará e intentará ver al perro "detrás del cristal". Muy pocos animales actuarían como lo haríamos nosotros y no como nuestro perro: en cautividad, chimpancés, bonobos, orangutanes, gorilas, elefantes, delfines y orcas son los únicos mamíferos que hacen lo mismo que nosotros. El tamaño relativo y absoluto de sus cerebros convierte la prueba del espejo en un alto criterio de inteligencia, hasta el punto de que algunos investigadores hablan de autoconciencia: "La imagen soy yo". ¿Y las aves? Las urracas del laboratorio de Onur Güntürkün, en la Universidad del Ruhr de Bochum, superan la prueba: utilizan su imagen en el espejo para limpiar manchas que les han puesto en partes del cuerpo que no pueden ver directamente. Los cuervos de Nueva Caledonia, en cambio, tratan la imagen del espejo como si fuera otro individuo o pierden el interés por completo. Lo mismo ocurre con los loros: ya sea un gris africano o el periquito común de nuestra abuela, un espejo es como mucho un amigo imaginario que hace un poco de compañía a un pájaro enjaulado. Y lo siento por Rossini, Tintín y la Castafiore, pero que las urracas hayan experimentado con su imagen robando joyas y otros objetos brillantes no significa que se reconozcan en un espejo de laboratorio. Un equipo de la Universidad de Exeter (Inglaterra) demostró que el supuesto amor de las urracas por los objetos brillantes es un mito: no distinguen entre objetos opacos y brillantes y, de hecho, los temen todos.

En Nueva Caledonia, Gavin Hunt observó varias variaciones innovadoras en el uso de herramientas por parte de los cuervos. Por ejemplo, vio a dos machos doblando hojas de *Pandanus* en forma de bumerán, haciéndolas parecer más bien ganchos, o fabricando ejemplares muy grandes de estas herramientas para introducirlas mejor en grietas profundas. También encontró herramientas fabricadas con una planta introducida en el siglo XIX, la lantana, y observó a individuos calzando nueces de *Aleunites moluccana* en agujeros de árboles o postes, utilizando los agujeros como mordazas y yunques para romper las nueces, a modo de pico. Como muchos otros córvidos, los cuervos de Nueva Caledonia también rompen nueces dejándolas caer sobre las rocas: la evolución no solo los ha convertido en especialistas en la fabricación de herramientas, sino también en generalistas capaces de inventar varias técnicas.

Los estudios sobre la sutileza de la inteligencia aviar, pero también sobre sus límites, prosiguen con esta extraordinaria especie, el cuervo de Nueva Caledonia. En los próximos años, podemos esperar nuevos descubrimientos gracias a las habilidades experimentales de investigadores como Alex Taylor y Russell Gray.

Los otros córvidos

Aunque el cuervo de Nueva Caledonia es a la vez el córvido más estudiado y el que tiene la inteligencia más impresionante, toda la familia, que incluye cornejas, arrendajos y urracas, domina la clasificación de la base de datos por la diversidad de sus innovaciones técnicas. Durante su trabajo de tesis en mi laboratorio, Sarah Overington, Julie Morand-Ferron y Neeltje Boogert dividieron las innovaciones en dos categorías: aquellas en las que la novedad es el tipo de alimento consumido y aquellas en las que lo es la técnica de búsqueda o consumo; las técnicas se dividen a su vez en ocho categorías, que van desde el uso de una nueva herramienta hasta un nuevo caso de piratería.

En este estudio, los córvidos ocupan los primeros puestos, con innovaciones en las ocho categorías técnicas. En todas las familias de aves, es la diversidad de innovaciones técnicas, y no simplemente el consumo de nuevos alimentos, lo que está más fuertemente asociado con el tamaño del cerebro. El mismo resultado puede observarse en los primates: por tanto, es la inteligencia técnica la que ejerce mayor presión sobre el desarrollo cerebral en ambos grupos.

Entre los cerca de 340 casos de innovación entre córvidos, el más espectacular es sin duda el que vieron Raju Vyas y Kartik Upadhyay en un templo de Gujarat, en la India. Todas las mañanas, el encargado de este templo enciende farolillos de oración hechos con una mecha de algodón mojada en mantequilla clarificada. También alimenta a las aves con grano. Una de estas aves, una urraca vagabunda, cogió un farolillo, lo sacó del templo, cogió la mecha aún encendida con el pico, la agitó hasta que se apagó y se la tragó. No es el único ejemplo de consumo de un objeto saturado de grasa: en Inglaterra se vio a una grajilla y a una corneja negra tragarse trozos de envoltorio de *fish and chips*. Esta predilección por las sustancias grasas ha llevado incluso a los cuervos picudos de Japón a robar jabón, velas y aceite de silicona. Las velas se fabrican con parafina y cera de zumaque y los cuervos picudos también las roban de los templos; se sospecha incluso que estas aves son las responsables de los incendios en los bosques cercanos a Kioto, provocados por velas aún encendidas que habrían transportado y escondido bajo hojas secas. En cuanto al jabón, cuyo robo parece tomarse muy en serio en Japón, fue necesaria la labor detectivesca del equipo de Hiroyoshi Higuchi, que trabajó con señuelos para garzas para resolver el misterio de su desaparición de la zona de lavado de manos de una guardería de Matsudo: cámara de vigilancia fijada sobre el lavabo, observación de los cuervos que cortaban el cordón que sujeta el jabón al grifo, instalación de pequeños radiotransmisores ocultos en los jabones, seguimiento de los cuervos con una antena receptora hasta los lugares donde comían parte del jabón y enterraban el resto bajo las hojas del bosque... En 1997, Higuchi llevó a cabo una nueva labor detectivesca cuando hubo que detener urgentemente los trenes en Yokohama porque se habían colocado piedras en las vías. ¿Eran ataques terroristas o adolescentes que habían sustituido las tradicionales monedas por estas piedras? No, eran más córvidos, esta vez cornejas negras. Tras examinar las cintas de vídeo de la compañía ferroviaria, Higuchi llegó a la conclusión de que los guijarros se habían utilizado simplemente para ocultar en las vías trozos de pan que las cornejas habían "robado" a las personas que daban de comer a las carpas y palomas en un estanque próximo a la estación. Las piedras simplemente habían aparecido en las vías porque los cuervos las habían removido al esconder el pan. El problema desapareció cuando se pidió amablemente a la gente que dejara de ofrecer pan a las cornejas: al fin y al cabo, esto ocurría en Japón, un país cívico, pero en un artículo Higuchi expresaba su preocupación de que las cornejas pudieran hacer lo mismo en lugares menos vigilados, sobre todo por donde pasa el tren bala Shinkansen a trescientos veinte kilómetros por hora.

Japón es uno de los países favoritos para estudiar la inteligencia de los córvidos: es allí de donde proceden las pruebas más sólidas de que utilizan vehículos para cascar las nueces que dejan caer en las calles. En Estados Unidos se publicó una divertida serie de artículos de investigadores que habían visto a cuervos cascando nueces dejándolas caer sobre la calzada. Hasta aquí no hay nada nuevo, ya que las cornejas utilizan este comportamiento con todo tipo de presas duras; fue la llegada de los vehículos lo que complicó la situación. Un primer artículo publicado en 1974 se preguntaba: "¿Las cornejas utilizan los vehículos como cascanueces?" porque se había visto que un coche aplastaba una nuez arrojada por una corneja; luego, un segundo artículo afirmaba en 1997 "Las cornejas no utilizan los coches como cascanueces" porque los autores no habían observado ninguna relación entre la llegada de un coche y la caída de una nuez, ya que, según ellos, era todo aleatorio. Un tercer artículo de 2001 concluyó finalmente que, en efecto, las cornejas esperaban a que pasaran los coches para bajar a recoger las nueces que habían dejado caer sobre el asfalto. En Japón, el caso está más claro: Hiroyoshi Higuchi, una vez más, estudió en detalle los casos denunciados en Sendai. Pudo determinar exactamente dónde y cuándo empezó la innovación —en la autoescuela Kadan en 1975—, y luego documentó el aumento de casos en las zonas circundantes. Higuchi pudo comprobar las dos características de una curva de transmisión cultural: un aumento exponencial del número de observaciones por año, de 1 a 60 en veinte años, así como una extensión espacial cada vez más lejos del lugar original con el paso del tiempo. De la autoescuela de 1975, la innovación se trasladó en 1988 al castillo de Sendai, a un kilómetro de distancia, luego, en 1989, un poco más lejos, en el campus de la Universidad de Tōhoku, y después, en 1993, aún más lejos, en Oritate. El comportamiento observado por Higuchi elimina la posibilidad planteada por los investigadores estadounidenses citados anteriormente de que las cornejas se limiten a dejar caer las nueces sobre el asfalto sin apuntar realmente a los coches que pasan. En Sendai, las cornejas descienden a la carretera y colocan las nueces directamente delante de los neumáticos de los coches parados en los semáforos en rojo, utilizan tramos de carretera donde el tráfico es lento y ligero (de ahí el nacimiento de la innovación en el circuito de una autoescuela) y cerca de zonas boscosas donde pueden encontrar fácilmente nogales. Por el momento, esta innovación se limita a las cornejas: los cuervos picudos que se juntan con las cornejas no las imitan, sino que se limitan a robarles las nueces una vez abiertas.

Por orden, los córvidos con mayor número de casos de innovación son la corneja negra euroasiática, el cuervo grande, la urraca común, el cuervo indio y el cuervo americano. Entre las innovaciones más espectaculares de los cuervos americanos hay una en la que un individuo desaparece durante más de nueve minutos en el pozo casi vertical de una mina en desuso y después emerge con un murciélago; otra en la que un cuervo roba un pez a una nutria mientras ésta está distraída por otro cuervo que le tira de la cola; una en la que unos cuervos en Toronto vigilan los alrededores de una torre de oficinas del centro para cazar pájaros que golpean las ventanas (dos de ellos parecen dirigir el vuelo de un reyezuelo directamente hacia una de las ventanas); una en la que un cuervo fabrica una herramienta puntiaguda con un trozo de madera arrancado de una valla para coger una araña que estaba escondida en un agujero; otra en la que cuervos en Wisconsin transportan siluros atrapados en el barro de un estanque seco a una bañera para pájaros, probablemente para lavarlos.

En cuanto a los cuervos grandes, se han dado varios casos en los que utilizan a lobos y humanos para matar presas cuyos restos pueden comer después. Al menos en cinco de estos casos están implicados biólogos: en Montana, Crow White demostró que los cuervos se sentían específicamente atraídos por los disparos que realizaba en el bosque en comparación con otros sonidos (bocina, simple paseo humano, silbido) en otros hábitats. En Minnesota, Fred Harrington demostró que la imitación de aullidos de lobo bastaba para cambiar la dirección de los cuervos en vuelo. También en Minnesota, Paul Frame difundió grabaciones de llamadas de socorro de conejos y ciervos con el objetivo de atrapar lobos; los cuervos acudieron en tres cuartas partes de sus ensayos. En Colorado, Merle Richmond fue atraído a una canoa por un cuervo que llamaba y revoloteaba cerca de la orilla de un lago y que regresaba a la canoa si esta no lo seguía lo suficientemente de cerca; el biólogo finalmente se dio cuenta de que el cuervo lo estaba llevando directamente a un nido de gansos, cuyos padres habían huido y los pichones fueron rápidamente devorados por el cuervo. También en Colorado, Richard Engeman observó que los cuervos rondan a los pescadores de truchas de río para comerse las huevas desechadas de las hembras. El caso más espectacular es probablemente el de un cuervo que abrió un grifo en un campamento de Death Valley (California): el ave accionó la única fuente de agua en un periodo de sequía en uno de los lugares más desolados del mundo saltando sobre la palanca de control y agachándose después para beber.

En Kenia, el zoólogo sueco Staffan Andersson observó una curiosa secuencia conductual de un cuervo colicorto que nos dice mucho sobre las tácticas del uso de herramientas de los córvidos. Si el uso de una herramienta es poco frecuente en animales no humanos, debe significar que se trata de una innovación costosa, ya sea en términos de energía o de desarrollo neuronal. Si los cuervos son como nosotros, la solución más fácil y común a un problema se preferirá primero a una difícil, al menos hasta que las soluciones fáciles fallen. Como diríamos popularmente, ¿para qué complicarnos la vida? Esto es exactamente lo que observó Andersson gracias al malentendido de un cuervo que vio en un camping: éste cogió una pelota de pimpón, que obviamente confundió con un huevo. Primero intentó sin éxito romper el "huevo" con el pico, luego arrastró un gran guijarro para golpear sin éxito el "huevo", después fue a buscar un guijarro más pequeño con el que golpeó el "huevo", también sin éxito, y finalmente se fue volando con la pelota para "romper" el "huevo" lanzándolo por los aires... Un huevo real de este tamaño obviamente se habría roto tras los primeros picotazos, pero la cáscara de plástico exigía una escalada de comportamientos cada vez más complejos, lo que permitió convertirlo en un experimento de campo en libertad.

Los especialistas en el uso de herramientas en animales distinguen dos categorías que difieren en la complejidad de la cognición que requieren: la primera se denomina "proto-herramientas", en la que el animal no manipula directamente un objeto para procesar su alimento, sino que utiliza una parte del entorno; y la segunda se denomina "herramientas reales", a falta de un nombre mejor, para los casos en los que el objeto es manipulado directamente por el animal. Golpear a una presa *con* una roca entra en esta segunda categoría, mientras que golpear a la presa *contra* la roca entra en la primera. La diferencia entre ambas es bastante sutil, pero es un hecho que el tamaño medio del cerebro de las aves que solo utilizan proto-herramientas es menor que el de las aves que utilizan herramientas reales. Para un humano, puede parecer extraño pensar que manejar un martillo requiere más inteligencia que golpear contra un yunque, pero los especialistas en inteligencia animal insisten en esta diferencia. Por ejemplo, tanto las gaviotas como las cornejas dejan caer las presas que quieren romper sobre superficies duras, pero las gaviotas se aferran a estos yunques mientras que las cornejas evolucionan hacia formas más sofisticadas de herramientas, como podemos ver en el ejemplo de la pelota de pimpón.

En la ciudad malaya de Seberang Perai se vieron cuervos indios esperando en un semáforo en rojo a camiones cargados con sacos de grano. Mientras los camiones estaban parados, los cuervos agujereaban los sacos y se alimentaban hasta que los camiones arrancaban cuando el semáforo se ponía en verde y echaban a volar. En la India, la misma especie de cuervo fue vista arrancando hojas de chicozapote, introduciéndolas en un agujero de una rama, retirándolas al cabo de un minuto y comiéndose las hormigas que se habían adherido a ellas, como hacen los chimpancés con las termitas. En Birmania, el ornitólogo Salim Ali vio a un cuervo indio matar a una rata ahogándola, sacándola periódicamente del agua para ver si estaba muerta y volviendo a sumergirla si no lo estaba. En Hyde Rabad, los cuervos indios visitan los franchipanes cuyas flores se cortan regularmente para los rituales hindúes y beben el látex que gotea de los cortes en los árboles. En la medicina tradicional india, este látex se utiliza por sus propiedades antifúngicas, antibacterianas y gastroprotectoras, por lo que se trata de un posible caso de automedicación por parte del ave.

En los últimos años se ha desarrollado una nueva cultura carnívora entre los pequeños cuervos de la isla Phillip, en el sur de Australia: entran en las madrigueras de los pingüinos enanos y se comen los huevos. La innovación no existía hace veinticinco años, y a veces se requiere cooperación por parte de dos cuervos: uno distrae al progenitor mientras el otro ataca los huevos. Los cuervos entran en las madrigueras por la entrada o cavando un agujero en el suelo por encima del nido. Solo un tercio de los cuervos de la isla son depredadores de huevos de pingüino y un equipo australiano se pregunta quiénes son estos depredadores y cómo se transmite la innovación. Los datos genéticos recogidos por el equipo parecen descartar la posibilidad de que la innovación se transmita a través de la familia, ya sea genéticamente o por imitación entre padres e hijos. Los autores no llevaron a cabo un análisis de redes sociales, por lo que se desconoce si los depredadores de huevos aprendieron el comportamiento por sí mismos o mediante la observación de innovadores fuera de su familia. Sea cual sea el mecanismo por el que se introdujo la innovación, el daño causado a las colonias de pingüinos de la isla fue lo suficientemente grave (el 61 % de los nidos se vieron afectados) como para justificar que se considerara eliminar de manera selectiva los cuervos asesinos.

La inteligencia de cuervos es asombrosa, pero a veces llevamos nuestras interpretaciones demasiado lejos. El hecho de que los cuervos se reúnan cuando uno de los suyos ha muerto y empiecen a vocalizar en voz alta alrededor del cadáver ha llevado a algunas personas a ver este comportamiento como el equivalente a un funeral humano. En efecto, hay algo especial en un cuervo cuando se encuentra con un congénere muerto: Kaeli Swift y John Marzluff, biólogos de la Universidad de Washington, registraron la actividad de varias partes del cerebro al presentar diferentes estímulos a un cuervo: ante un congénere muerto (pero no un escribano muerto ni estímulos auditivos), una de las áreas activadas fue el NCL, el equivalente a nuestro córtex prefrontal, lo que sugiere que el acontecimiento suscita procesos cognitivos de alto nivel. Y cuando Swift presentó cadáveres de cuervos disecados en libertad, los cuervos empezaron a vocalizar. ¿Podría tratarse de un réquiem por un compañero fallecido? No estoy seguro, ya que las vocalizaciones son las que emiten los cuervos ante cualquier fuente de peligro. Pero lo que Swift y Marzluff observaron a continuación fue aún más sorprendente: en unos diez de los 150 intentos aproximadamente, un cuervo intentó copular con el difunto, lo que no sería precisamente una actitud respetuosa según la interpretación funeraria...

La memoria de los arrendajos

Uno de los programas experimentales más fascinantes sobre la inteligencia de las aves lo desarrolló el investigador británico Nicky Clayton con arrendajos, que también forman parte de los córvidos. Las tres decenas de especies de arrendajos del Nuevo Mundo, entre las que se encuentra la chara azul, descienden de antepasados que llegaron del noreste de Asia a través de Beringia hace entre cinco y siete millones de años. Estos arrendajos y sus parientes del Viejo Mundo cuentan con unas cincuenta innovaciones, la mayoría relacionadas con ataques a presas poco comunes, como aves, murciélagos y roedores. En cautividad, el arrendajo euroasiático, que, como la graja, no utiliza herramientas en estado salvaje, es capaz de resolver la prueba de Esopo. En libertad también se les ha visto resolver con éxito el problema de la cuerda haciendo que los huesos que colgaban del extremo de una cuerda alcanzaran la rama en la que estaban posados.

Al igual que los carboneros cabecinegros y los carboneros palustres, las charas californianas y las charas floridanas esconden su comida. Los experimentos han demostrado que la memoria de estos escondites es episódica, es decir, que combina el "quién", el "qué", el "cuándo" y el "dónde" asociados a un acontecimiento, como en "recuerdo haberte conocido el día de Navidad de 2009 en Quebec". Si damos a un arrendajo un alimento que le guste mucho pero que sea perecedero (un gusano de la harina) y otro que le guste menos pero que se conserva bien (cacahuetes), esconderá y volverá a buscar el gusano al cabo de unas horas si tiene hambre, pero irá a buscar los cacahuetes si el lapso entre el momento de esconderlos y el de volverlos a buscar es de varios días (ese lapso sería suficiente como para que el gusano se pudriese). Si, en días alternos, colocamos a un arrendajo en una jaula donde recibe un generoso desayuno y otros en una jaula donde no recibe nada, esconderá más comida el día anterior cuando esté en la jaula sin desayuno, anticipándose a un mal servicio de habitaciones. Si un arrendajo que está escondiendo su comida se da cuenta de que otro arrendajo lo está observando, esconderá su comida en otro lugar cuando el otro arrendajo ya no esté allí, anticipando que el otro arrendajo podría apropiarse de su escondite; si el otro arrendajo continúa observándolo, el arrendajo puede cambiar hasta seis veces de escondite, como si intentara confundir a su observador. En inglés dicen "*birds of a feather flock together*" que, aunque perdiendo el símil de las aves, podríamos traducir por "se cree el ladrón que todos son de su condición", que también aplica a nuestro caso, ya que solo un arrendajo que ya haya robado alimento escondido de otro tomará estas precauciones para evitar que le roben a él también. Para describir la relación entre memoria episódica y anticipación, Nicky Clayton utiliza la expresión "*mental time travel*" ("viaje mental en el tiempo"), lo que sugiere que la imaginación, una simulación cognitiva de lo que podría ser, es una extensión de la memoria, una huella cognitiva de lo que ya ha sido. En los seres humanos, la memoria y la anticipación van acompañadas de imágenes mentales y es tentador pensar que también puede ser así en ciertos animales no humanos. Por desgracia, no sabemos nada al respecto y hasta que la tecnología nos permita descodificar y, en cierto modo "leer", las señales neuronales específicas de las imágenes mentales en humanos, solo podemos intentar encontrar el equivalente en los no humanos.

El equipo de Nicky Clayton, de la Universidad de Cambridge, empezó a utilizar trucos de magia para comprobar si las aves se dejan engañar por falsas anticipaciones como nosotros. Los arrendajos, como los humanos, se dejan engañar por técnicas basadas en la velocidad de los juegos de manos. También les sorprenden, como a nosotros, los trucos de sustitución, en los que los movimientos del mago nos hacen creer, por ejemplo, que habrá tal o cual objeto bajo la copa de la izquierda, cuando en realidad éste aparecerá "por arte de magia" bajo la copa de la derecha o será sustituido a la izquierda por un objeto inesperado. Falsificar la información dada a un animal es uno de los procedimientos clásicos para comprender las pistas que utiliza para resolver un problema. Si la pista que le damos es la necesaria para resolver un problema, nunca podremos saber si esa es la pista que usa el animal cuando tiene éxito o si resuelve el problema usando otra pista, también correcta, pero sin nuestro conocimiento; en cambio, cuando la pista que le damos es falsa y el animal da una respuesta que también es falsa porque ha sido mal informado, podemos estar más seguros de su fuente de (des)información. El caso más elegante es el experimento de James Gould, que confirmó que las abejas indiscutiblemente utilizan la información proporcionada por sus famosas danzas: manipulando el punto de referencia aparente de una serie de danzas, Gould consiguió enviar abejas obreras en la dirección equivocada. Apuntando una lámpara al interior de la colmena, hizo creer a las obreras que estaban viendo una danza realizada en relación con el sol; las danzarinas, en cambio, tenían los globos oculares cubiertos de pintura y, al no ver la luz de la lámpara, orientaban su danza en relación con la gravedad, que es el punto de referencia normal en el oscuro interior de una colmena. Las obreras se alejaron mucho de las verdaderas fuentes de néctar ya que fueron en la dirección indicada por una interpretación errónea de las danzas.

Los primos de los córvidos: los corvoideos

Los parientes más cercanos de los córvidos son los alcaudones, depredadores que construyen despensas parecidas a las charcuterías europeas, con embutidos y jamones colgados de ganchos; en el caso de las aves, los ganchos son espinas de plantas o alambre de espino, y los embutidos, insectos, reptiles, roedores y otras aves. A diferencia de arrendajos y cascanueces, que esconden su comida, los alcaudones no tienen problemas de memoria espacial con sus despensas, que son visibles y sirven incluso para impresionar a vecinos territoriales y posibles parejas sexuales. Investigadores de Israel aumentaron o disminuyeron experimentalmente el tamaño de la despensa de una serie de machos; los tres machos desafortunados cuya despensa desapareció no encontraron pareja ese año y los afortunados cuya despensa aumentó produjeron un 60 % más de crías que aquellos cuya despensa no había sido manipulada.

Las innovaciones observadas en los alcaudones son a menudo variaciones de su comportamiento de empalamiento o la ingesta de un tipo de alimento hasta ahora desconocido, como queso, huesos de pollo o aves tan grandes como las loicas, que pesan más que el alcaudón. En Singapur, se vio a un alcaudón tigre envolver un pájaro muerto con una rama rota y utilizar la rama como punto de apoyo para arrancar la piel de su presa de una sola vez. Otros casos de desollamiento se vieron en Polonia, donde los alcaudones norteños se deshacían de la piel tóxica de los sapos abriéndoles el vientre y tirando después de la piel hasta desprenderla de la cabeza como si fuera una prenda de vestir.

Los alcaudones son más pequeños que las cornejas y los cuervos, pero entre los demás primos de los córvidos hay especies sorprendentemente parecidas a ellos a pesar de que sus antepasados se separaron hace veintitrés millones de años (esta separación se ilustra en el árbol filogenético del capítulo sobre semilleros y pinzones de Darwin). Junto con los córvidos y los alcaudones, todos estos primos se agrupan en la superfamilia de los corvoideos. Los verdugos y las grallinas en particular se parecen a las urracas y el corvino negro puede confundirse fácilmente con un cuervo. Al igual que sus primos córvidos, son oportunistas omnívoros que aprovechan fácilmente la comida que les proporciona el hombre. ¿Cómo se pueden comparar estos primos con las cornejas? El grupo más innovador es el de los verdugos, cuyas 7 especies que viven en zonas incluidas en la base de datos suman 43 innovaciones. Dado el relativamente modesto esfuerzo de investigación sobre estas aves australianas, esta tasa de innovación es igual o incluso superior a la de sus primos, los cuervos, las cornejas, las urracas y los arrendajos.

Los verdugos solían clasificarse en su propia familia, *Cracticiaae*, pero hoy se consideran una simple subfamilia de la familia *Artamidae*, junto con los artamos, que suelen ser pequeños y menos robustos que los individuos de la familia *Cracticidae* y se alimentan principalmente de insectos y néctar. Su tasa de innovación es mucho menor que la de los verdugos y sus cerebros son cinco veces más pequeños: los cerebros de los verdugos están al mismo nivel que los de las grajillas, córvidos de peso corporal equivalente, mientras que los de los artamos se asemejan más al de las alondras.

Esta divergencia dentro de la familia *Artamidae* es como una repetición durante un período más corto de la divergencia más antigua entre corvoideos y otros paseriformes; implica una coevolución del cuerpo, el cerebro y la inteligencia en distintas direcciones a lo largo de los aproximadamente quince millones de años que separan a la subfamilia de los artamos de la de los verdugos: estos dos últimos géneros evolucionaron hacia cuerpos y cerebros más grandes, así como hacia una mayor tasa de innovación. Todo ello nos recuerda una vez más que la evolución de la inteligencia se produjo varias veces de forma independiente en varios grupos distintos de aves. Se ha visto que el más innovador de los individuos de la familia *Cracticidae*, el verdugo flautista, utiliza un palo como herramienta, ataca a una paloma en grupo y de manera coordinada, sumerge insectos venenosos en un charco, ofrece un gusano a cambio de que un humano le dé patatas fritas y aprovecha la apertura de galerías de termitas por parte de gárrulos (paseriformes), que son comportamientos que esperaríamos de una corneja. Los verdugos son incluso tan innovadores que interfieren en la capacidad de los investigadores para rastrearlos en libertad: recientemente se ha visto a algunos quitarse los dispositivos GPS de sus propias patas y las de otras aves. Otras especies de verdugos también recurren a innovaciones típicas de los córvidos usando herramientas: ablandar un trozo de carne pasándolo de un lado a otro a través de un lazo de plástico en un tendedero o envolver el cadáver de un ave alrededor de una rama para desgarrarlo o encajarlo en la horquilla de un árbol. El corvino negro, miembro de una de las familias más estrechamente emparentadas con los alcaudones y las cornejas, también ha sido observado utilizando una herramienta: para abrir mejillones atrapados en el fango de un arroyo seco, en al menos dos regiones de Australia separadas por seiscientos cincuenta kilómetros, se le vio utilizar trozos de concha rota a modo de cuchillo.

En las otras ramas emparentadas con los córvidos, el grupo más innovador es el drongo, del que existen una treintena de casos. El tamaño de su cerebro, dado el tamaño de su cuerpo, es similar al de los alcaudones e intermedio entre el de los artamos y los verdugos. La innovación alimentaria más espectacular de los drongos no se da en el campo de las herramientas, sino en uno que combina el engaño y la piratería. Al igual que las tangaras que ya hemos visto, los drongos ahorquillados africanos utilizan las habilidades de forrajeo de especies más hábiles que ellos para alcanzar insectos, como los suricatas (Timón, en *El Rey León*) y los turdoides (paseriformes). Participan en los descubrimientos de estos productores y se les tolera por su papel de centinelas: los drongos avisan cuando detectan peligro y los suricatas y los turdoides pueden entonces huir. Entre alerta y alerta, y gracias a la vigilancia de los drongos, los suricatas pueden dedicar más tiempo a comer y menos a vigilar los peligros. Hasta aquí, todos salen ganando: insectos a cambio de vigilancia. La cosa se complica cuando el turdoide o el suricata encuentra una presa grande que no puede tragar de inmediato. En un gran número de especies, esto puede significar el robo de la presa. Ahora imaginemos que el ladrón es una especie muy hábil en la imitación vocal, como es el caso de todos los drongos. El primo de Sri Lanka del drongo ahorquillado, el drongo cingalés, utiliza sus habilidades de mimetismo para copiar las llamadas de las especies que utilizar para buscar su alimento, atrayéndolas al lugar donde puede beneficiarse de su habilidad. Cuando imita las llamadas de alarma de otras especies, las incita a unirse al comportamiento antidepredador del drongo y a ahuyentar el peligro en grupo, lo que aumenta su eficacia. Incluso sin ayuda, los drongos son famosos por su agresividad contra los depredadores, hasta el punto de que en la India se les llama "policías", *kotwal*.

En África, el drongo ahorquillado lleva su talento familiar para la imitación un paso más allá, más maquiavélico: emite llamadas de alarma cuando hay presas que piratear y así ahuyenta al ave que ha encontrado el alimento. Para que al drongo ahorquillado no le pase lo mismo que a Pedro con el lobo, varía las imitaciones: emite diferentes llamadas cuando intenta piratear una presa (cuenta con un repertorio de 9 a 32 tipos de llamada según el individuo). Si el intento fracasa, el drongo cambia de llamada, porque cuando un drongo o un investigador que reproduce sonidos de drongo en un altavoz emite el mismo tipo de llamada de alarma varias veces seguidas, la víctima se acostumbra y ya no se distrae. Cuando las llamadas varían, es más fácil que el pirateo tenga éxito. Cuando antes hemos usado el término *maquiavélico* no fue para indicar una desviación antropomórfica, ya que en este libro se intenta huir de tales desviaciones; el término fue introducido en la literatura científica por los primatólogos Frans de Waal, Andrew Whiten y Richard Byrne para describir los casos en que un simio, especialmente chimpancés y babuinos, engaña deliberadamente a otro, normalmente mediante el silencio y el comportamiento furtivo en contextos de alimentación, agresividad y sexo. En los análisis de Simon Reader y Kevin Laland sobre la inteligencia general ya hablamos de estos comportamientos manipuladores.

En la India, los drongos reales merodean por las aldeas y se alimentan de los insectos que hay alrededor del ganado. También les atraen los incendios de maleza controlados por los aldeanos y atrapan insectos que huyen de las llamas. En Rajkot, al oeste de la India, se suben a los cables eléctricos al final del día y atrapan los trozos de *ganthiya*, un aperitivo de harina de garbanzos, que la gente les ofrece. En Vasai Fort, al norte de Bombay, los drongos roban la savia que la gente extrae de las palmeras datileras mediante tubos de bambú para hacer vino de palma. La combinación de una elevada tasa de innovación y un cerebro mayor que el de sus parientes más cercanos, los abanicos, sugiere que los drongos representan, como artamos y verdugos, otro caso independiente de coevolución cerebral y flexibilidad conductual de los corvoideos.

Corvoideos contra grandes simios

Cultura, innovación, maquiavelismo, fabricación de herramientas, planificación flexible, memoria episódica, meta-herramientas: todas estas características de los corvoideos son impresionantes. Y, sin embargo, de todos los animales no humanos, nuestro primo el chimpancé siempre ha sido considerado el más inteligente. ¿Cómo podemos comparar el más inteligente de los corvoideos, el cuervo de Nueva Caledonia, con nuestro primo? Desde el punto de vista de la fabricación de herramientas, se encuentra al mismo nivel, pero en cuanto a la diversidad de contextos en los que utiliza herramientas en libertad, el chimpancé supera al cuervo: al igual que éste, utiliza herramientas principalmente para buscar comida, pero también añade contextos de agresión (amenazar y hacer ruido con objetos) y de aseo corporal (rascarse una herida con una astilla de madera, limpiar los dientes de sus congéneres con una ramita). Los chimpancés también suelen combinar varias herramientas en libertad: cuando cazan termitas, por ejemplo, primero perforan el termitero con un palo grueso y luego cogen el palo fino que solían llevar entre los labios para coger los insectos del agujero que acaban de hacer. En cautividad, como hemos visto, los cuervos son perfectamente capaces de utilizar una secuencia de herramientas, pero este comportamiento aún no se ha observado en libertad.

En cuanto a la familia filogenética, la comparación entre grandes simios y córvidos favorece ligeramente a estos últimos. Además del cuervo de Nueva Caledonia, otras ocho especies de cuervos también utilizan herramientas. De ellas, el cuervo hawaiano parece ser casi tan hábil como el de Nueva Caledonia, aunque por el momento solo disponemos de datos sobre individuos en cautividad, ya que el cuervo hawaiano está extinguido en estado salvaje, un caso muy raro entre los córvidos, y solo quedan unos cien individuos en zoológicos y reservas. Entre los grandes simios, el uso de herramientas en estado salvaje no está tan extendido como entre los córvidos; por ejemplo, nunca se ha visto a la segunda especie de chimpancé, el bonobo, utilizarlas en libertad para buscar comida. Lo mismo ocurre con los orangutanes: la especie de Sumatra utiliza herramientas para comer termitas y fruta, pero la especie de Borneo no. Y lo mismo ocurre con los gorilas: casi nada en estado salvaje, aunque son perfectamente capaces de utilizar herramientas en cautividad. Se trata, por tanto, de una cepa flexible, como hemos visto con los pinzones de Darwin: en cautividad y en un contexto experimental, varias especies de la familia de los homínidos muestran capacidades cognitivas superiores a las utilizadas en la naturaleza; en estado salvaje, sin embargo, los resultados son más modestos.

En lo que respecta a la cultura de los chimpancés, pisamos terreno más firme. En 1999, un estudio reunió a investigadores que llevaban tiempo trabajando sobre el terreno con seis poblaciones diferentes, entre ellas la famosa población de Gombe (Tanzania), estudiada desde 1960 por Jane Goodall. Los investigadores enumeraron entonces todas las tradiciones culturales locales, es decir, las diferencias de comportamiento entre poblaciones que podían transmitirse socialmente. Al final surgieron 39 tradiciones, que van desde la forma en que un chimpancé pide a un compañero que lo despioje (brazos levantados, manos entrelazadas) hasta las diferencias en el uso de herramientas. En Uganda, por ejemplo, los chimpancés de Kibale utilizan una ramita para recoger miel de una colmena, mientras que en Budongo, a doscientos kilómetros de distancia, emplean esponjas que fabrican masticando hojas. Los experimentos realizados en lugares colindantes corroboran estas diferencias: si a los chimpancés de Sonso, cerca de Budongo, se les da miel escondida en el fondo de un tronco, la buscarán con los dedos o con una esponja de hojas; pero en Kanyawara, cerca de Kibale, utilizarán ramitas. Estos comportamientos se transmiten a las crías por imitación de sus madres. En Gombe, por ejemplo, los jóvenes observan atentamente a sus madres mientras cazan termitas; las hembras jóvenes son mejores que los machos y copian la técnica de sus madres con mayor fidelidad. En Costa de Marfil, las madres desempeñan un papel más activo cuando sus crías aprenden a romper nueces con piedras: les proporcionan las piedras y las nueces para que prueben y, en algunos casos, parecen enseñarles directamente la técnica. Los experimentos en cautividad confirman que las innovaciones se transmiten fielmente por imitación en cadenas de individuos: el individuo B imita al innovador A, luego, en ausencia de A, sirve de modelo al individuo C, que a su vez sirve de modelo a D, y así sucesivamente. En el caso de los chimpancés, los investigadores han excluido de estas tradiciones cualquier diferencia que pudiera deberse a variaciones en el entorno: si, por ejemplo, no hubiera ramitas en Budongo u hojas absorbentes en Kibale, las diferencias entre poblaciones podrían explicarse por esta ausencia de materiales. Se trata de una precaución metodológica, aunque entre los humanos seguimos considerando culturales las tradiciones nacidas de las diferencias ambientales: es cierto que el invierno de Quebec favorece la tradición del caramelo de arce en la nieve y que la ausencia de esta tradición en Fiyi tiene mucho que ver con la ausencia de nieve y de arces azucareros; no obstante, consideramos que la diferencia es cultural. Con los humanos, el antropólogo siempre puede comprobar, haciéndose preguntas, que una tradición se ha transmitido socialmente y no es simplemente el resultado de lo que hay en el entorno; con los no humanos, el etólogo no tiene (¿todavía?) esta posibilidad y debe por tanto ser más prudente.

Las tradiciones culturales son, obviamente, una de las características fundamentales de nuestra especie. Al igual que los cuervos y los chimpancés, aprendemos las técnicas de utilización de herramientas de nuestros padres, por ejemplo, el uso eficiente y socialmente aceptable de tenedores, cuchillos y cucharas o, en otras culturas, el uso correcto de los palillos chinos. En cuanto a nuestros antepasados, no podemos saber cómo se transmitía la fabricación de herramientas, pero los estudios del antropólogo Dietricht Stout sugieren que pudo haber requerido cientos de horas de observación y práctica, así como la activación de una compleja red neuronal en el cerebro. Stout impartió a los humanos modernos talleres de fabricación de herramientas de piedra, junto con sesiones de resonancia magnética de su actividad cerebral. Comparó el aprendizaje de técnicas de dos millones y medio de años de antigüedad (conocidas como técnicas Oldoway por el yacimiento de África donde se descubrió) en las que un solo golpe en una piedra crea una astilla afilada y un percutor puntiagudo con técnicas más recientes en las que hay que planificar una secuencia de golpes más delicados para crear un bifaz simétrico con una base ovalada y un extremo puntiagudo. El uso de esta última técnica, que tienen un millón y medio de años de antigüedad y deben su nombre al yacimiento de Saint-Acheul, cerca de Amiens, donde se identificaron por primera vez, moviliza más regiones cerebrales y requiere una planificación mucho más compleja que la técnica de Oldoway. Stout concluye que la creciente complejidad de las herramientas acompañó al aumento del tamaño del cerebro de los homínidos, que se duplicó con creces a lo largo del millón y medio de años durante los cuales nuestros antepasados evolucionaron de las variantes oldowayanas a las achelenses más avanzadas.

Es posible que nuestros antepasados utilizaran otros tipos de herramientas, pero las piedras constituyen la mejor prueba arqueológica porque se conservan bien: en Costa de Marfil se encontraron restos de herramientas de piedra utilizadas por chimpancés hace cuatro mil trescientos años y en Brasil se hallaron restos de herramientas de capuchino de hace tres mil años. Estas piedras no se sometieron al mismo tipo de modificación que el de nuestros antepasados hace más de dos millones y medio de años, pero sigue siendo un fenómeno notable. La fragilidad de las herramientas fabricadas por los cuervos de Nueva Caledonia en libertad impide determinar desde cuándo saben hacerlo, ya que todas están hechas de material vegetal y, por tanto, son difíciles de conservar.

Los verdaderos cabezas de chorlito

En muchos idiomas, el nombre de un ave se utiliza para describir a una persona descerebrada o estúpida: "cabeza de chorlito" en castellano, "*tête de linotte*" en francés, "*cervello di gallina*" en italiano, "*feather brain*" y "*bird brain*" en inglés y "*Spatzenhirn*" en alemán. Los ingleses no se centran en una especie en particular y engloban así a todas las aves en su metáfora. En cuanto a los alemanes, simplemente se equivocan: como hemos visto antes, el *Spatz* (gorrión), es la especie más innovadora y una de las mejores colonizadoras aviares del planeta...

Los italianos, rumanos y españoles son los que más se acercan a la verdad: los gallos y gallinas (*gallina, găină*), al igual que los chorlitos, son poco innovadores y tienen el cerebro pequeño. Los pardillos (*linottes*) de los franceses, aunque son paseriformes, también están al final de nuestro catálogo de innovaciones, con un único caso, no muy espectacular, de alimentarse de semillas de plantas que no constituían anteriormente su alimento según la biblia de las aves de las islas británicas, *Birds of the Western Palearctic*, de Stanley Cramp y Christopher Perrins (por cierto, este último, catedrático emérito en Oxford, ostenta también el maravilloso título de *Warden of the Swans in the Royal Household of the Sovereign* "Guardián de los Cisnes de Su Majestad", cargo creado en el siglo XIII). Este caso único sitúa al pardillo a la cola de las 78 innovaciones de su familia *Fringillidae*, a la cabeza de la cual se encuentran el pinzón vulgar, el verderón y el piquituerto comunes, que suman una veintena de casos. En cuanto al tamaño del cerebro, los piquituertos también están en la parte alta de la familia, mientras que el pardillo se encuentra entre los últimos, con un cerebro la mitad de grande que el de un pájaro carpintero o un loro del mismo peso corporal y, como muestra el gráfico del capítulo sobre semilleros y pinzones de Darwin, ligeramente más pequeño que el de otros paseriformes. Entonces, ¿quiénes son los verdaderos "cabezas de chorlito"? En primer lugar, las ratites, el grupo de aves más antiguo: avestruces, emúes, tinamúes, casuarios y ñandúes, cuyos cerebros son los más pequeños de todas las aves en relación con el tamaño de sus (enormes) cuerpos. Por ejemplo, un emú pesa más de 30 kilos, pero tiene aproximadamente el mismo número de neuronas en su palio que un miná de 270 gramos; un avestruz de 120 kilos tiene el mismo número que una urraca de 180 gramos. Los ñandúes y los casuarios tienen cada uno una única innovación: el consumo de peces por parte de ñandúes cerca de un embalse parcialmente seco en Brasil y el consumo de tierra azulada (¿para obtener sales minerales?) por parte de casuarios en Papúa. En cambio, avestruces, emúes y tinamúes no presentan ninguna innovación. En 2005, recién pronunciada una conferencia en el congreso de la Asociación Americana para el Avance de la Ciencia (AAAS) en Washington, unos periodistas me pidieron que nombrara el ave más estúpida del mundo. Respondí "el emú" (si se busca en Google "*Are emus stupid?*" aparece mi nombre...). Me invitaron a aparecer en la radio australiana para intentar poner las cosas en perspectiva hasta que un oyente confirmó lo que yo había dicho: unos aborígenes le habían contado que, si uno se tumba boca arriba delante de un emú y levanta una pierna, con el pie en ángulo recto, el ave se acerca porque cree que está frente a un congénere...

Un segundo grupo que combina cerebros pequeños, poca o ninguna innovación y un alto nivel de esfuerzo investigador es el de los galliformes. Así que los italianos y rumanos tienen razón en cuanto a los "cerebros de gallina". Un vídeo divertidísimo muestra a una gallina picoteando una rebanada de pan que carece de miga y en la que solo queda corteza. Mientras picotea, la corteza le rebota alrededor del cuello. ¿Qué hace para resolver el problema? Se mueve hacia atrás, como si quisiera alejarse del marco que forma la corteza y sa-

cude las plumas del cuello, lo que hace que el marco se eleve más; y la gallina termina con un bonito collar de pan *bajo* las plumas. Luego la gallina divisa otra corteza y empieza a picotearla también, rebota y termina alrededor de su cuello de nuevo. ¿Ha aprendido tras el primer encuentro? Más bien no: la gallina retrocede de nuevo y sacude las plumas del cuello y… obviamente termina con dos collares de pan bajo las plumas…

Las cinco familias de este orden, que incluyen aves pequeñas como el colín de Virginia y otras más grandes como el guajolote gallipavo, tienen un cerebro mucho más pequeño que el ave media. El término *pavo* (y *pava* en su versión femenina) sería por tanto un poco más apropiado para referirnos a alguien de modo despectivo que "cabeza de chorlito". Una pintada, que pesa 1,5 kilos, tiene el mismo número de neuronas en el palio que un mirlo de 85 gramos. Las codornices del Nuevo Mundo son una especie muy estudiada, en parte porque a los estadounidenses les gusta cazarlas, pero a pesar de este interés, no existen innovaciones en las 34 especies de la familia. Entre los demás galliformes, las familias *Megapodiidae, Numididae* y *Cracidae*, unas pocas especies presentan una innovación. De todos los galliformes, sin embargo, son los individuos de la familia *Phasianidae* que tienen más innovaciones, unas quince. Muchas de ellas tienen que ver con la depredación de pequeños animales, como sabrá cualquiera que haya criado gallinas en libertad: lagartos, ranas, babosas, ratones y termitas voladoras durante eclosiones efímeras han sido señalados como alimentos inusuales de codornices, perdices, francolines, pavos reales y urogallos. Otras tres innovaciones de las gallináceas son bastante espectaculares: urogallos comunes en el Instituto Max Planck que, como las cigüeñas antes citadas, decapitan y se tragan gorriones atraídos por los platos de comida; un faisán vulgar en Escocia que se come un conejo muerto en una carretera; y una perdiz roja que, como los gorriones y los estorninos, se alimenta de insectos aplastados en las matrículas de los coches en un aparcamiento.

En cautividad, las gallinas pueden aprender comportamientos bastante complejos si se tiene la paciencia de adiestrarlas adecuadamente. Por ejemplo, se necesitan unos tres meses de refuerzo diario para enseñar a una gallina la estrategia ganadora del tres en raya, que consiste en jugar primero en una esquina, luego en la misma línea horizontal o vertical y después en la esquina opuesta. Algunas gallinas se convierten en ases de este juego y nunca pierden; en el peor de los casos empatan con un oponente que sabe contrarrestar la estrategia ganadora. Yo no soy una de esas personas: hace unos años, perdí tres partidas seguidas en un salón recreativo de Estados Unidos, donde, por veinticinco céntimos, se podía jugar contra una gallina alojada en una especie de máquina tragaperras de casino.

Después de las gallináceas vienen una serie de familias de pequeño tamaño que no presentan innovaciones o solo unas pocas: los torillos, que vimos en el capítulo sobre las gaviotas y que descienden de una antigua rama del grupo; las gangas, pequeñas aves especializadas en semillas; las avutardas, que tienen casi tantas neuronas palatinas como un halcón peregrino (380 millones) y mucho éxito colonizador, y cuya dieta está un poco diversificada y ocasionalmente atacan a algún roedor; los chotacabras, que a veces han sido vistos capturando insectos en el suelo (normalmente lo hacen en vuelo) o aprovechando fuentes de luz artificial; y las cigüeñuelas, que normalmente se alimentan de invertebrados, pero que han sido vistos atacando a un tritón y cogiendo trozos del cadáver de un pato.

La imagen prototípica de Canadá incluye un bucólico lago sin ondulaciones bajo la bruma del amanecer, un bosque de coníferas perfectamente reflejado en el agua y el grito lastimero de un somorgujo. El cliché nacional es tan omnipresente que el colimbo ocupa un lugar destacado en las monedas de un dólar y en inglés la moneda se llama *loonie*, por el nombre del ave, que también significa *loco* en ese idioma. Probablemente sea una exageración calificar a los colimbos de chiflados, pero en cualquier caso no son muy innovadores, con 1 a 3 casos como máximo por especie para un esfuerzo de investigación que supera los 1.000 artículos. Y el cerebro del colimbo chico tiene más o menos el mismo tamaño relativo que el de un tinamú... Digamos que Estados Unidos, con su pigargo americano, ha elegido un símbolo aviar más majestuoso, pero también más innovador, ya que ocupa el 4º lugar entre todas las aves, con 35 casos.

Los vencejos y los colibríes, que pertenecen al mismo orden, los apodiformes, son un poco más innovadores que los "cabezas de chorlito" que acabamos de ver, aunque también tienen cerebros más pequeños que la media. Unas treinta especies presentan una o dos innovaciones cada una. En el caso de los vencejos, se trata de casos insólitos de captura de insectos, de noche y cerca de fuentes de luz artificial, por encima de un incendio forestal o durante vuelos efímeros de termitas u hormigas voladoras. Los colibríes, por su parte, aprovechan a veces las fuentes de savia perforadas por los pájaros carpinteros o las ascuas ya frías de campamentos humanos (probablemente para obtener minerales) o acceden "ilegalmente" al néctar de ciertas flores perforando su base en lugar de entrar por la parte delantera de la corola. También se han dado algunos casos de consumo insólito de insectos, como el pirateo de telas de araña. El caso más espectacular es el de una hembra de esmeralda ventridorada en el campus de la Universidad de São Paulo, que untó la pared de un edificio donde se encontraba su nido con sus excrementos; luego atrapó fácilmente a los insectos atraídos por los excrementos y apenas a unos centímetros de su nido. El caso del colibrí está documentado por una única observación y no se ha estudiado experimentalmente, por lo tanto, es difícil distinguir entre la explotación oportunista de un accidente (insectos atraídos por los excrementos) y el uso deliberado de una herramienta, como vimos anteriormente con el mochuelo de madriguera. En el caso del mochuelo, se observaron cientos de individuos y dos equipos de investigadores realizaron manipulaciones experimentales; cuando un investigador retira los excrementos colocados por un mochuelo, éste los vuelve a colocar, lo que demuestra que lo que hace no es un accidente. Por tanto, debemos ser cautos en el carácter deliberado e "inteligente" del uso de excrementos por parte del colibrí, pero como innovación, nos interesa, aunque no sea más que la explotación oportunista de una coincidencia. Al fin y al cabo, el origen del comportamiento más deliberado del mochuelo puede encontrarse en un accidente de este tipo.

Los insectos son el alimento ancestral de los apodiformes. Los vencejos se especializan en ellos, pero los colibríes han añadido néctar a su alimentación, lo que ha creado un pequeño problema evolutivo: las aves no tienen detectores de azúcar en la lengua como nosotros, por lo que es difícil saber si una flor contiene néctar de mejor calidad que otra. La solución está en los insectos: las personas que comercializan insectos para consumo humano dirán que su sabor es parecido a determinadas carnes con mucho glutamato, lo que recuerda al sabor *umami* de los japoneses. Desde hace algunas décadas, el *umami* se reconoce como nuestro quinto sabor básico y tiene sus propios receptores especializados. En los colibríes, la evolución ha modificado estos receptores para que detecten el azúcar. Lo mismo ocurrió en los antepasados de los paseriformes, genéticamente muy distantes de los colibríes, que también suelen alimentarse de néctar. Como en el caso de los pinzones de Darwin chupasangres, nos encontramos con una interacción entre innovación alimentaria y selección natural en los rasgos fisiológicos: es difícil imaginar que un antepasado de los colibríes se encontrara de repente con una mutación genética en su receptor de *umami* que le hiciera detectar azúcar y dirigirse a las flores adecuadas. Los pulgones y las cochinillas podrían resultar un buen intermediario entre insectos y néctar, ya que producen secreciones dulces. Una de las innovaciones del colibrí amatistino y del colibrí de Eloísa es que consumen mielada, producida por cochinillas en México. Una docena de otras especies también aprovechan ocasionalmente las secreciones dulces de los insectos, desde el verdugo pío hasta la gallineta enlutada, pasando por especies como el estornino de El Cabo y el bubú silbón (un primo del alcaudón).

Los patos y las ocas (de la familia *Anatidae*), junto con las gallináceas, forman parte de la rama más antigua de las aves, después de los avestruces, los tinamúes y los emúes. Se separaron de estos últimos hace ochenta y nueve millones de años. Sin embargo, las anátidas tienen muchos menos "cabezas de chorlito" que sus primas gallináceas: el tamaño relativo de sus cerebros es ligeramente superior a la media de todas las aves y mayor que el de las golondrinas. El ánade azulón se sitúa en el 2 % de las aves más innovadoras, en la misma liga que depredadores como el busardo, el azor, el alcaudón o la garza azulada. Son precisamente estos casos inusuales de depredación los que destacan en las innovaciones del ánade azulón. En Londres y Birmingham se les ha visto en parques consumiendo varias especies de aves, incluidos gorriones que habían cazado y ahogado. En Rumanía, persiguieron a lavanderas y colirrojos por el agua y se los comieron tras encontrarlos entre la vegetación de la zona. En Texas, se vio a ánades azulones capturar pequeños peces al vuelo mientras saltaban fuera del agua para escapar. Los ánades azulones también comen ocasionalmente excrementos de otras aves, sapos tóxicos, restos de patos muertos por águilas o salmones limpiados por pescadores y, desde 2010, cangrejos en medio de las olas en la costa californiana. En la medida en que el ánade azulón es el antepasado de los patos domésticos, puede que su alta tasa de innovación se deba a la inevitable mezcla genética entre individuos salvajes y otros que han sido sometidos a selección artificial en cautividad por su tranquilidad en torno a los humanos, como ocurre con las palomas.

En cuanto a los *chorlitos*, son aves limícolas. Sus familias, carádridos y escolopácidos, incluyen chorlitejos, zarapitos, vuelvepiedras y chochas (otro término despectivo para referirse a una persona poco inteligente). Sus cerebros se acercan a la media de todas las aves y sus índices de innovación son bastante bajos, salvo en el caso de una especie que se sitúa en el 2 % superior de la lista de innovadores: el vuelvepiedras común. Al igual que el ánade azulón y la golondrina, muchas de sus innovaciones implican proximidad con los humanos: buscar comida en cunetas, en comederos de cerdos, en un coco abierto en una playa y aceptar alimentos ofrecidos por la gente siguiendo a los pinzones de Darwin en las islas Galápagos, a los escribanos nivales en Nunavut y a las palomas en Yorkshire. También se han visto vuelvepiedras consumiendo carroña de oveja en Inglaterra y en Canadá, de lobo, de aves capturadas para un museo y comida para perros, así como excrementos de gaviota en Cornualles. Por último, al igual que los cuervos japoneses tan pacientemente rastreados por Hiroyoshi Higuchi, los vuelvepiedras comunes figuran entre las aves que a veces consumen jabón: en un comentario a raíz de la publicación de uno de estos casos en la revista *British Birds*, una portavoz de la empresa Lever Brothers aseguró a los redactores que el jabón en cuestión, de marca Lifebuoy, solo contenía sebo y aceite vegetal, con "muy pequeñas cantidades de perfume", añadió, como para tranquilizarnos de que el vuelvepiedras saldría de esta innovación en excelente estado de salud. El nombre *vuelvepiedras* se basa en el comportamiento de búsqueda de alimento más común de esta especie, que consiste en darles la vuelta a guijarros, conchas y algas con el pico en la orilla del mar en busca de invertebrados. En el estudio de Simon Reader y Kevin Laland sobre la inteligencia general de los primates, uno de los cinco componentes de g es lo que se conoce como *extractive foraging*, la búsqueda de alimento por extracción o forrajeo. Una cosa es manipular una pieza de fruta que cuelga de una rama o un antílope que corre por la sabana, pero buscar comida escondida requiere quizá una operación mental añadida: es necesaria una integración más compleja de elementos visibles y ocultos, por lo que puede que la estrategia de forrajeo del vuelvepiedras facilite la inteligencia general que se esconde tras la elevada tasa de innovación de esta especie.

Si las aves más inteligentes evolucionaron de forma convergente con los primates más inteligentes, ¿qué ocurre con los cabezas de chorlito? En este caso, el modesto tamaño del cerebro y el escaso número de neuronas corticales parecen estar asociados en los primates a una baja tasa de innovación y a un pobre rendimiento en las pruebas en cautividad. Como en el caso de las aves, las familias más antiguas de primates, los lémures, están a la cola del pelotón, sobre todo el lémur ratón, que solo tiene 22 millones de neuronas corticales, el mismo número que una codorniz, pero con un peso ligeramente inferior. El lémur ratón no presenta innovaciones en la base de datos de Reader y Laland y ocupa el puesto 22 de 24 en las comparaciones realizadas en cautividad por Rob Deaner y Carel van Schaik. Pero, como en el caso de las aves, los cabezas de chorlito no solo se encuentran en las familias antiguas: el último en las pruebas en cautividad fue el talapoin, que es primo de macacos y babuinos de la familia *Cercopithecidae*. Así que el capitán Haddock de *Las aventuras de Tintín* tiene razón al menos en uno de sus insultos, "cercopiteco", pero solo si se refiere a los talapoins. En cuanto a otro de sus insultos en francés original ("*sapajou*"), el capitán se equivoca claramente: éste es otro nombre para "capuchino", que son, con mucho, los más inteligentes del Nuevo Mundo. El primo del capuchino, el tití, está muy cerca del talapoin en los rangos inferiores de las pruebas cognitivas y la escala general de inteligencia de Simon Reader y Kevin Laland: tiene aproximadamente el mismo número de neuronas corticales que un cernícalo vulgar.

Y aquí siguen

El emú, el chorlito, la *gallina* y el pardillo están, pues, muy lejos del cuervo de Nueva Caledonia en el continuo de la inteligencia aviar. Sin embargo, llevan una vida perfectamente satisfactoria dentro de los parámetros de su propio nicho; de lo contrario, habrían desaparecido. Basta pensar en el semillero bicolor: mientras su primo semillero va por las mesas de los restaurantes y los balcones de las habitaciones de los hoteles de Barbados, él busca tranquilamente sus gramíneas en los prados. La UICN le otorga su máxima calificación de conservación de "preocupación menor" y sus poblaciones están aumentando en las Antillas y Sudamérica. Al semillero *Melanospiza* le va muy bien con su proporción de receptores 2A y 2B y su indiferencia a la novedad, aunque es cierto que un semillero *Sporophila* que huye con un sobrecito de azúcar resulta más interesante para un turista o un investigador. Un libro sobre las maravillas del vuelo de las aves hablaría más de colibríes y albatros que de avestruces y gallinas, pero este libro describe con más detalle las hazañas de los keas y los cuervos que las de los ñandúes. No olvidemos que aquí estamos hablando de inteligencia. Probablemente albatros y colibríes no insulten a las aves que no saben volar, pero cuando se trata de inteligencia, sabemos que los juicios de valor son comunes. Así que, seamos claros: muchos investigadores no creen en la inteligencia general y sostienen que cada ave ha desarrollado un tipo de inteligencia apropiado para su nicho. En este libro, hemos propuesto otro enfoque, que intenta comparar todas las aves (y todos los primates) según una única forma de inteligencia, medida por la innovación y la resolución de problemas. La innovación no lo explica todo (recordemos la extraordinaria memoria del cascanueces para encontrar alimentos ocultos), pero nos ha permitido poner a prueba una serie de hipótesis que preocupan desde hace tiempo a los investigadores.

Miles de especies de aves se las arreglan muy bien con un cerebro pequeño y pocas innovaciones. Su fertilidad y su rápido desarrollo, entre otras cosas, les permiten prosperar. Lo importante aquí es tener lo que los biólogos llaman una "estrategia vital" coherente en la que se integran rasgos que, en conjunto, garantizan el buen éxito reproductivo del animal. En un extremo, están las estrategias rápidas, que consisten en alcanzar la madurez sexual pronto y vivir menos tiempo y producir rápidamente un gran número de crías, aunque ello suponga darles menos cuidados; y, en el otro extremo, están las estrategias lentas, en las que el animal se desarrolla lentamente, genera más neuronas, vive más tiempo, produce menos crías por nidada pero les presta más atención, aunque eso suponga que un año malo pueda resultar en la muerte tanto de los padres como de la nidada. Al final, la selección, ya sea natural o sexual, depende del número de crías que se producen: ambas estrategias, rápida y lenta, funcionan muy bien, aunque difieran en los detalles y aunque, en un libro sobre inteligencia, las especies lentas generen mejores historias.

Epílogo

Imaginemos la Tierra dentro de cinco millones de años, o dentro de cinco mil años o incluso dentro de tan solo quinientos años. Si la tendencia continúa, nuestros primos chimpancés, bonobos, gorilas y orangutanes se extinguirán y puede que nosotros también si seguimos explotando y modificando el entorno como lo estamos haciendo ahora. El extraterrestre que visite nuestro planeta en ese momento, tras leer lo que escribió su colega millones de años atrás, llegará a la misma conclusión: había que apostar por los cuervos y las cornejas. Sobrevivieron al desastre gracias a su inteligencia y oportunismo, pero también a sus habilidades carroñeras. Los homínidos se habrán unido a los dinosaurios en el museo de las especies extinguidas y habrá amanecido una nueva era, el Corviceno. Como en los mitos autóctonos, la inteligencia renacerá gracias a la astucia de un cuervo, y no estará solo: verdugos, garzas, caracaras, gorriones y gaviotas también estarán allí. La supervivencia de casi el 90 % de las especies de estos grupos está considerada de "preocupación menor" por la UICN. En los próximos cinco millones de años, estas aves seguirán ahí, produciendo descendientes aún más inteligentes, uno o dos de los cuales podrían evolucionar, como nosotros, hacia el lenguaje, la abstracción y el cine mental de lo imaginario.

Por lo que sabemos, nuestra forma de inteligencia es única en la historia de la Tierra, pero si sus precursores en las aves y otros primates —innovación, planificación, fabricación de herramientas, memoria episódica— han evolucionado varias veces de forma independiente, significa que la inteligencia es menos rara de lo que pensamos y que puede transformarse y resurgir, incluso después de nuestra desaparición, en una dirección que simplemente no podemos imaginar.

Por el bien de la supervivencia de nuestros hijos, esperemos que la inteligencia no tenga que renacer en la cabeza de un cuervo y que los monos nos demos cuenta a tiempo de que estamos, de momento y como el emperador, desnudos ante nuestra comodidad, nuestra indiferencia y nuestra incapacidad para cambiar.

Agradecimientos

He tenido la gran suerte de trabajar con extraordinarios colaboradores y estudiantes de máster, doctorado y posdoctorado. Por nombrar solo algunos (el género masculino se utiliza de forma no sexista en este libro): la difunta Julie Morand-Ferron, a cuya memoria está dedicado este libro; Daniel Sol, primer posdoctorado y luego colaborador durante veinte años; Luc-Alain Giraldeau, mi primer doctorando, y Jean-Nicolas Audet, mi último; Simon Reader, antiguo posdoctorado, y Simon Ducatez, reciente posdoctorado; las estudiantes Sandra Webster, Julie Bouchard, Nektaria Nicolakakis, Sarah Timmermans, Andrea Griffin, Laure Cauchard, Neeltje Boogert y Sarah Overington; mis colegas Ferran Sayol, Andrew Iwaniuk, Denis Boire y Pavel Němec, por las mediciones de cerebros y neuronas. Gracias. También estoy en deuda con mi editor, Jean Bernier, por sus numerosas sugerencias a lo largo de las diferentes revisiones de este texto.

Para saber más

El mejor libro para el público general sobre la inteligencia aviar es *El ingenio de las aves*, de Jennifer Ackerman, publicado en español por Booket en 2021.

Artículos para el público general

Lefebvre, L. (1996). Raging dove. *Natural History*. Vol. 105, núm. 12, pp. 34-371.

Lefebvre, L. (2001). L'intelligente cervelle des oiseaux. *La Recherche*. Vol. 347, pp. 42-45.

Lefebvre, L. (2008). Petits futés! L'innovation comme signe d'intelligence. *Québec Oiseaux*. Vol. 20, núm. 2, pp. 10-14.

Lefebvre, L. (2010, junio). Continuités et ruptures dans le monde animal. *Esprit*, pp. 133-141.

Base de datos de innovaciones alimentarias en aves

Lefebvre, L. (2021). A global database of feeding innovations in birds. Wilson Journal of Ornithology. Vol. 132, núm. 4, pp. 803-809.

Artículos y obras técnicas citados en este libro

Se pueden encontrar en su mayor parte gracias a Google Scholar, aunque no todos, ya que algunos están en sitios web de acceso restringido. Se detallan las fuentes por capítulo.

Simios sin pelaje y cuervos sin plumaje

Fisher, J. y R. A. Hinde (1949). The opening of milk bottles by birds. *British Birds*. Vol. 42, pp. 347-357.

Garcia-Porta, J. *et al.* (2022). Niche expansion and adaptive divergence in the global radiation of crows and ravens. *Nature Communications*. Vol. 13, núm. 1, pp. 1-11.

Kawai, M. (1965). Newly-acquired pre-cultural behavior of the natural troop of Japanese monkeys on Koshima Islet. *Primates*. Vol. 6, núm. 1, pp. 1-30.

Lefebvre, L. (1986). Cultural diffusion of a novel food-finding behaviour in urban pigeons: an experimental field test. *Ethology*. Vol. 71, pp. 295-304.

Lefebvre, L. y D. Spahn (1987). Gray kingbird predation on small fish (Poecilia sp.) crossing a sandbar. *Wilson Bulletin*. Vol. 99, pp. 291-292.

Palameta, B. y L. Lefebvre (1985). Social transmission of a food-finding technique in pigeons: what is learned? *Animal Behaviour*. Vol. 33, pp. 892-896.

¿Los páridos comparten una cultura?

Aplin, L. M., B. C. Sheldon y J. Morand-Ferron (2013). Milk bottles revisited: social learning and individual variation in the blue tit, Cyanistes caeruleus. *Animal Behaviour*. Vol. 85, núm. 6, pp. 1225-1232.

Aplin, L. M. *et al.* (2015). Experimentally induced innovations lead to persistent culture via conformity in wild birds. *Nature*. Vol. 518, núm. 7540, pp. 538-541.

Ducatez, S. y L. Lefebvre (2014). Patterns of research effort in birds. *PLoS ONE*. Vol. 9, núm. 2, e89955.

Kummer, H. y J. Goodall (1985). Conditions of innovative behaviour in primates. *Philosophical Transactions of the Royal Society B: Biological Sciences*. Vol. 308, núm. 1135, pp. 203-214.

Lefebvre, L. (1995). Culturally-transmitted feeding behavior in primates: evidence for accelerating learning rates. *Primates*. Vol. 36, núm. 2, pp. 227-239.

Lefebvre, L. (1995). The opening of milk bottles by birds: evidence for accelerating learning rates, but against the wave-of-advance model of cultural transmission. *Behavioural Processes*. Vol. 34, núm. 1, pp. 43-54.

Lefebvre, L. *et al.* (1997). Feeding innovations and forebrain size in birds. *Animal Behaviour*. Vol. 53, pp. 549-560.

Lefebvre, L., S. M. Reader y D. Sol (2013). Innovating innovation rate and its relationship with brains, ecology and general intelligence. *Brain, Behavior and Evolution*. Vol. 81, pp. 143-145.

Reader, S. M. y K. N. Laland (2002). Social intelligence, innovation, and enhanced brain size in primates. *Proceedings of the National Academy of Sciences*. Vol. 99, núm. 7, pp. 4436-4441.

Semilleros y pinzones de Darwin

Audet, J. N. *et al.* (2018). Divergence in problem-solving skills is associated with differential expression of glutamate receptors in wild finches. *Science Advances*. Vol. 4, eaao6369.

Cui, Z. *et al.* (2013). Increased NR2A: NR2B ratio compresses long-term depression range and constrains long-term memory. *Scientific Reports*. Vol 3, núm. 1, pp. 1-10.

Grant, B. R. y P. R. Grant (1989). Natural selection in a population of Darwin's finches. *The American Naturalist*. Vol. 133, núm. 3, pp. 377-393.

Güntürkün, O. (2012). The convergent evolution of neural substrates for cognition. *Psychological Research*. Vol. 76, núm. 2, pp. 212-219.

Iwaniuk, A. N. y P. L. Hurd (2005). The evolution of cerebrotypes in birds. *Brain, Behavior and Evolution*. Vol. 65, núm. 4, pp. 215-230.

Iwaniuk, A. N. y J. E. Nelson (2002). Can endocranial volume be used as an estimate of brain size in birds? *Canadian Journal of Zoology*. Vol. 80, núm. 1, pp. 16-23.

Jarvis, E. D. *et al.* (2005). Avian brains and a new understanding of vertebrate brain evolution. *Nature Reviews Neuroscience*. Vol. 6, núm. 2, pp. 151-159.

Olkowicz, S. *et al.* (2016). Birds have primate-like numbers of neurons in the forebrain. *Proceedings of the National Academy of Sciences*. Vol. 113, núm. 26, pp. 7255-7260.

Overington, S.E. *et al.* Technical innovations drive the relationship between innovativeness and residual brain size in birds. *Animal Behaviour*. Vol. 78, pp. 1001-1010.

Pynn, L. (2017). The Hunger Games: Two Killer Whales, Same Sea, Different Diets. *Hakai Magazine*.

Reader, S., D. Nover y L. Lefebvre (2002). Locale-specific sugar-packet opening by Lesser-Antillean bullfinches in Barbados. *Journal of Field Ornithology*. Vol. 73, pp. 82-85.

Sayol, F. *et al.* (2016). Environmental variation and the evolution of large brains in birds. *Nature Communications*. Vol. 7, núm. 1, pp. 1-8.

Sayol, F., L. Lefebvre y D. Sol (2016). Relative brain size and its relation with the associative pallium in birds. *Brain Behavior and Evolution*. Vol. 87, pp. 69-77.

Sol, D. *et al.* (2022). Neuron numbers link innovativeness with both absolute and relative brain size in birds. *Nature Ecology and Evolution*. Vol. 6, núm. 9, pp. 1381-1389.

Sol, D., G. Sterling y L. Lefebvre (2005). Behavioral drive or behavioral inhibition in evolution: subspecific diversification in Holarctic Passerines. *Evolution*. Vol. 59, pp. 2669-2677.

Tang, Y. P. *et al.* (2019). Genetic enhancement of learning and memory in mice. *Nature*. Vol. 401, núm. 6748, pp. 3-69.

Tebbich, S. *et al.* (2001). Do woodpecker finches acquire tool-use by social learning? *Proceedings of the Royal Society. Series B*. Vol. 268, núm. 1482, pp. 2189- 2193.

Timmermans, S. *et al.* (2000). Relative size of the hyperstriatum ventrale is the best predictor of innovation rate in birds. *Brain, Behavior and Evolution*. Vol. 56, pp. 196-203.

Wilson, A. C. (1985). The molecular basis of evolution. *Scientific American*. Vol. 253, núm. 4, pp. 164-175.

Innovar o morir: ¿cómo se selecciona la innovación?

Boogert, N. J., T. Fawcett y L. Lefebvre (2011). Mate choice for cognitive traits: a review of the evidence in vertebrates. *Behavioral Ecology*. Vol. 22, pp. 447-459.

Breitwisch, R. y M. Breitwisch (1991). House sparrows open an automatic door. *The Wilson Bulletin*. Vol. 103, núm. 4, pp. 725-726.

Cauchard, L. *et al.* (2013). Problem-solving performance correlates with reproductive success in a wild bird population. *Animal Behaviour*. Vol. 85, pp. 19-26.

Cauchard, L. *et al.* (2017). An experimental test of a causal link between problem- solving performance and reproductive success in wild great tits. *Frontiers in Ecology and Evolution*. Vol. 5, p. 107.

Chen, J. *et al.* (2019). Problem-solving males become more attractive to female budgerigars. *Science*. Vol. 363, núm. 6423, pp. 166-167.

Cole, E. F. *et al.* (2012). Cognitive ability influences reproductive life history variation in the wild. *Current Biology.* Vol. 22, núm. 19, pp. 1808-1812.

Ducatez, S., Behavioural plasticity is associated with reduced extinction risk in birds. *Nature Ecology and Evolution.* Vol. 4, pp. 788-793.

Keagy, J., J. F. Savard y G. Borgia (2009). Male satin bowerbird problem-solving ability predicts mating success. *Animal Behaviour.* Vol. 78, núm. 4, pp. 809- 817.

Miller, G. (2000). *The Mating Mind: How Sexual Choice Shaped the Evolution of Human Nature.* Doubleday.

Sol, D. (2003). Brain size predicts the success of mammal species introduced into novel environments. *American Naturalist.* Vol. 172, pp. S63-S71.

Sol, D. *et al.* (2005). Big brains, enhanced cognition, and response of birds to novel environments. *Proceedings of the National Academy of Sciences.* Vol. 102, pp. 5460-5465.

¿Una sola inteligencia o varias?
Corfield, J. R. *et al.* (2013). Brain size and morphology of the brood parasitic and cerophagous honeyguides (Aves: Piciformes). *Brain, Behavior and Evolution.* Vol. 81, pp.170-186.

Deaner, R. O., C. P. Van SchaiK y V. Johnson (2006). Do some taxa have better domain-general cognition than others? A meta-analysis of nonhuman primate studies. *Evolutionary Psychology.* Vol. 4, núm. 1, 147470490600400114.

Isack, H. A. y H. U. Reyer. Honeyguides and honey gatherers: interspecific communication in a symbiotic relationship. *Science.* Vol. 243, núm. 4896, pp. 1343-1346.

Krebs, J. R *et al.* (1989). Hippocampal specialization of food-storing birds. *Proceedings of the National Academy of Sciences.* Vol. 86, núm. 4, pp. 1388-1392.

Morand-Ferron, J., L.-A. Giraldeau y L. Lefebvre (2007). Wild Carib grackles play a producer-scrounger game. *Behavioral Ecology.* Vol. 18, pp. 916-921.

Pietschnig, J. *et al.* (2015). Meta-analysis of associations between human brain volume and intelligence differences: How strong are they and what do they mean? *Neuroscience and Biobehavioral Reviews.* Vol. 57, pp. 411- 432.

Reader, S. M., Y. Hager y K. N. Laland (2011). The evolution of primate general and cultural intelligence. *Philosophical Transactions of the Royal Society B: Biological Sciences.* Vol. 366, núm. 1567, pp. 1017-1027.

Sherry, D. F. *et al.* (1989). The hippocampal complex of food-storing birds. *Brain, Behavior and Evolution.* Vol. 34, núm. 5, pp. 308-317.

Sherry, D. F. y A. L. Vaccarino (1989). Hippocampus and memory for food caches in black-capped chickadees. *Behavioral Neuroscience.* Vol. 103, núm. 2, p. 308.

Sherry, D. F. *et al.* (1993). Females have a larger hippocampus than males in the brood-parasitic brown-headed cowbird. *Proceedings of the National Academy of Sciences.* Vol. 90, núm. 16, pp. 7839-7843.

Sol, D., L. Lefebvre y J. D. Rodriguez-Tejeiro (2005). Brain size, innovative propensity and migratory behaviour in temperate Palearctic birds. *Proceedings of the Royal Society. Series B.* Vol. 272, pp. 1433-1441.

Webster, S. y L. Lefebvre (2001). Problem-solving and neophobia in a Passeriforme- Columbiforme assemblage in Barbados. *Animal Behaviour.* Vol. 62, pp. 23-32.

Yanayacu Biological Station and Center for Creative Studies. Zombie woodpecker guzzles dove brains. Recuperado 4 mayo 2015 de YouTube. www.youtube.com/watch?v=W4oEM0W6mhM.

¡La gran ciudad!

Audet, J. N., S. Ducatez y L. Lefebvre (2016). The Town Bird and the Country Bird: problem-solving and immunocompetence vary with urbanization. *Behavioral Ecology.* Vol. 27, núm. 2, pp. 637-644.

Ducatez, S. *et al.* (2018). Are urban vertebrates city specialists, artificial habitat exploiters or environmental generalists? *Integrative and Comparative Biology.* Vol. 58, pp. 929-938.

Garamszegi, L. Z., J. Erritzoe y A. P. Møller (2007). Feeding innovations and parasitism in birds. *Biological Journal of the Linnean Society.* Vol. 90, pp. 441- 455.

Lefebvre, L. (2016). Collared doves feeding on food pellets in an urban feral cat shelter. *British Birds.* Vol. 111, p. 50.

McCabe, C. M., S. M. Reader y C. L. Nunn (2015). Infectious disease, behavioural flexibility and the evolution of culture in primates. *Proceedings of the Royal Society. Series B.* Vol. 282, núm. 1799, 20140862.

Morand-Ferron, J., D. Sol y L. Lefebvre (2007). Food-stealing in birds: brain or brawn? *Animal Behaviour.* Vol. 74, pp. 1725-1754.

Sol, D. *et al.* (2014). Urbanisation tolerance and the loss of avian diversity. *Ecology Letters.* Vol. 17, núm. 8, pp. 942-950.

Vas, Z. *et al.* (2011). Clever birds are lousy: co-variation between avian innovation and the taxonomic richness of their Amblyceran lice. *International
Journal for Parasitology.* Vol. 41, pp. 1295-1300.

Jugar a dos bandas: mar y tierra

Higuchi, H. (1988). Individual differences in bait fishing by the Green backed
Heron Ardeola striata associated with territory quality. *Ibis.* Vol. 130, núm.
1, pp. 39-44.

Réglade, M. A., M. E. Dilawar y U. Anand (2015). Active bait-fishing in Indian
pond heron Ardeola grayii. *Indian Birds.* Vol. 10, núm. 5, pp. 124-125.

Sibley, C. G. y J. E. Ahlquist (1990). *Phylogeny and Classification of the Birds of the
World: A Study in Molecular Evolution.* Yale University Press.

Innovar matando: aves rapaces

Heidari, A. A. *et al.* (2019). Harris hawks optimization: Algorithm and applica-
tions. *Future generation computer systems.* Vol. 97, pp. 849-872.

Levey, D. J., R. S. Duncan y C. F. Levins (2004). Use of dung as a tool by bu-
rrowing owls. *Nature.* Vol. 431, núm. 7004, p. 39.

Margalida, A. *et al.* (2019). Cosmetic colouring by Bearded Vultures Gypae-
tus barbatus: still no evidence for an antibacterial function. *PeerJ.* Vol. 7,
e6783.

Van Lawick-Goodall, J. y H. Van Lawick-Goodall (1966). Use of tools by the
Egyptian vulture, Neophron percnopterus. *Nature.* Vol. 212, núm. 5069,
pp. 1468-1469.

Los cerebros más grandes: los loros

Calzada Preston, C. E. y S. Pruett-Jones (2021). The number and distribution
of introduced and naturalized parrots. *Diversity.* Vol. 13, núm. 9, p. 412.

Goodman, M., T. Hayward y G. R. Hunt (2018). Habitual tool use innovated
by free- living New Zealand kea. *Scientific Reports.* Vol. 8, núm. 1, pp. 1-12.

Klump, B. C. *et al.* (2021). Innovation and geographic spread of a complex
foraging culture in an urban parrot. *Science.* Vol. 373, núm. 6553, pp. 456-
460.

Pepperberg, I. M. (2000). *The Alex Studies: Cognitive and Communicative Abilities
of Grey Parrots.* Harvard University Press.

Los más inteligentes: los córvidos

Clayton, N. S. y A. Dickinson (1998). Episodic-like memory during cache recovery by scrub jays. *Nature*. Vol. 395, núm. 6699, pp. 272-274.

Cnotka, J. *et al.* (2008). Extraordinary large brains in tool-using New Caledonian crows (Corvus moneduloides). *Neuroscience Letters*. Vol. 423, núm. 3, pp. 241-245.

Falótico, T. *et al.* (2019). Three thousand years of wild capuchin stone tool use. *Nature Ecology Evolution*. Vol. 3, núm. 7, pp. 1034-1038.

Flower, T. P., M. Gribble y A. R. Ridley (2014). Deception by flexible alarm mimicry in an African bird. *Science*. Vol. 344, núm. 6183, pp. 513-516.

Gruber, R. *et al.* (2019). New Caledonian crows use mental representations to solve metatool problems. *Current Biology*. Vol. 29, núm. 4, pp. 686-692.

Hunt, G. R. (1996). Manufacture and use of hook-tools by New Caledonian crows. *Nature*. Vol. 379, núm. 6562, pp. 249-251.

Hunt, G. R. y R. D. Gray (2003). Diversification and cumulative evolution in New Caledonian crow tool manufacture. *Proceedings of the Royal Society Series B*. Vol. 270, núm. 1517, pp. 867-874.

Jelbert, S. A. *et al.* (2018). Mental template matching is a potential cultural transmission mechanism for New Caledonian crow tool manufacturing traditions. *Scientific Reports*. Vol. 8, núm. 1, pp. 1-8.

Lefebvre, L., N. Nicolakakis y D. Boire (2002). Tools and brains in birds. *Behaviour*. Vol. 139, núm. 7, pp. 939-973.

Mehlhorn, J. *et al.* (2010). Tool-making New Caledonian crows have large associative brain areas. *Brain, Behavior and Evolution*. Vol. 75, núm. 1, pp. 63-70.

Mercader, J. *et al.* (2007). 4,300-year-old chimpanzee sites and the origins of percussive stone technology. *Proceedings of the National Academy of Sciences*. Vol. 104, núm. 9, pp. 3043-3048.

Stout, D. *et al.* (2015). Cognitive demands of Lower Paleolithic toolmaking. *PLoS One*. Vol. 10, núm. 4, e0121804.

Vyas, R. y K. Upadhyay (2018). Rufous Treepie Dendrocitta vagabunda extinguishing and swallowing lamp wick. *Indian Birds*. Vol. 14, núm. 3, pp. 92-93.

Los verdaderos cabezas de chorlito

Ahache, A. Stupid chicken. Recuperado 29 septiembre 2016 de YouTube. www.youtube.com/watch?v=D23sMvVnrow.

Trillin, C. (1999, 8 de febrero). The Chicken Vanishes. But who taught it to play ticktacktoe? Finally, the mystery is solved. *The New Yorker*.